走进庞泉沟

——庞泉沟自然保护区访问者中心解说

李世广　杨向明　编著

◎山西庞泉沟国家级自然保护区管理局

中国林业出版社

图书在版编目（CIP）数据

走进庞泉沟：庞泉沟自然保护区访问者中心解说／李世广，杨向明编著．
－北京：中国林业出版社，2014.4

ISBN 978-7-5038-7444-4

Ⅰ.①走… Ⅱ.①李… ②杨… Ⅲ.①自然保护区－介绍－方山县 Ⅳ.①S759.992.254

中国版本图书馆 CIP 数据核字（2014）第 074226 号

出　　版　中国林业出版社

　　　　　（100009 北京西城区刘海胡同 7 号）

　　　　　E-mail：liuxr.good@163.com

　　　　　电话：(010)83228353

网　　址　http://lycb.forestry.gov.cn

发　　行　中国林业出版社

　　　　　营销电话：(010)83284650 83227566

印　　刷　北京北林印刷厂

版　　次　2014 年 4 月第 1 版

印　　次　2014 年 4 月第 1 次

开　　本　880mm×1230mm 1/32

印　　张　6.25

字　　数　172 千字

定　　价　38.00 元

前　言

　　庞泉沟，山清水秀，林茂花香，气候宜人，珍禽异兽出没。宛如黄土高原上的一颗绿色明珠，镶嵌在巍巍吕梁山之巅。这里是山西省的第一个国家级自然保护区，主要保护我国国家一级重点保护动物、特有的世界珍稀鸟类——褐马鸡和独特的华北落叶松、云杉天然林。

　　庞泉沟也是山西省生态旅游的一个好地方，"森林旅游"久负盛名，"峡谷漂流"方兴未艾。优美的自然风光之外，还有着丰富灿烂的地域文化：北魏孝文帝、女皇武则天、神仙张果老、闯王李自成、廉吏于成龙、伟人华国锋等，都与这块土地深厚结缘。

　　庞泉沟访问者中心 2012 年建成，是保护区向访客进行生态宣传教育的场所，它是"大自然的剖面，庞泉沟的缩影"。为了向外界系统介绍庞泉沟保护区，更好地对访问者中心讲解员、社区导游员培训，供广大庞泉沟旅游爱好者和访问者参考，我们站在访问者中心讲解的角度，编写了此书。

　　本书是一本系统反映自然保护区知识的科普读物。全书的主线，也就是书中的解说词，基本上是按照游览访问者中心的顺序编写的，文字的多少取决于现场实际讲解的需要，目的是使讲解员可以直接讲解采用。"导语"和插图是为了让不很了解庞泉沟的一般读者知道解说的来龙去脉，以便更好地阅读。"背景资料"是本书着墨最多的地方，详细介绍了自然保护区和野生动植物保护相关的科学知识、文化渊源等，以便读者能够更加全面准确地了解庞泉沟、了解自然保护区、了解保护事业，是全书的重点。

　　作为一本导游讲解的书，传播的是特定的知识和文化，科学性应该是首先要把握的原则。只有将正确的、有依据的、有科学价值的东西传播出去，让更多的人接受和了解，才是我们著书作文的真实目的。为此，笔者作为保护区的生物学科研与宣教工作者，对大量的资料来源进行认真考证，力求去伪存真，许多资料内容来源于笔者的亲身经历与体会，是反映真实生活的原创。

作为一本导游讲解的书，面向的是大众，通俗性应该是十分重要的。虽然自然保护区的行业特征很明显，它的许多知识不为人所知，但在庞泉沟长期的旅游活动中，大量游客所关心的、感兴趣的，也应该就是最大众的。为此，我们更多选用游客感兴趣的人文历史等方面的素材，力求将深奥的生物与自然保护区理论通俗化，变得浅显易懂。

作为一本导游讲解的书，文化是主要卖点，面向的是很大的读者群体。在全面建设生态文明，大力弘扬伟大民族精神的今天，传播生态保护理念，创新和传承先进的文化，是我们必须要把握的精髓。站在庞泉沟这块小天地里，我们努力挖掘和创作更深更高的东西，以提高该书的品味。

由于作者水平有限，该书更主要的目的是内部讲解和交流，难免有不确切和错误的地方，望广大读者见谅！

笔　者
二〇一三年十月一日

目录

背景资料目录

7

第一篇 绿色明珠

导语

　　庞泉沟自然保护区管理局大院西北角，有一栋别致的建筑，上书猩红的大字"庞泉沟自然保护区访问者中心"，是游客来庞泉沟旅游的必到之处，走进访问者中心，犹如走进了美丽的庞泉沟。

访问者中心

尊敬的各位来宾：

大家好！

欢迎来到庞泉沟自然保护区访问者中心。

访问者中心是向访客集中进行生态宣传教育的场所，建筑总面积 900 平方米，分上下两层，2012 年建成。馆内收藏着庞泉沟动植物种类 80% 的标本，设有自助访问设备、多媒体影像厅等。用形象逼真的动物标本和生态造景、丰富详实的图片资料，向您展示庞泉沟保护区的生态地位、保护价值和功能作用。是大自然的剖面，庞泉沟的缩影。

访问者中心馆内门厅

【背景资料】访问者中心

访问者中心，又称访客中心、游人中心或游客接待中心，顾名思义，就是接待来访客人的地方，是旅游区对外形象展示的主要窗口。

随着我国旅游业的快速发展，景区提高服务质量的客观需求，访问者中心的建设已逐渐被景区管理者所重视。访问者中心作为一个新生事物，它给旅游事业带来新的活力，将会成为展示旅游区文化、形象的窗口。大到一个城市，小到一个公园，一个景区，都应该有自己的访客中心。我国有条件的自然保护区都积极开展生态旅游，大力发挥自然保护区的公众宣传教育功能，吸取国外保护区的先进经验，一般都建有访问者中心。

2011 年，庞泉沟自然保护区"基础设施三期工程建设项目"中央财政投资到位，访问者中心按计划完成土建工程。从 2011 年 8 月起，结合国内外保护区建设的先进经验，使用较为先进的布展工艺，突出展示自然保护区的各项功能，2012 年 7 月，访问者中心室内布展完成，庞泉沟保护区有了一个宣传教育的新场地。

一、认识庞泉沟保护区

导语

访问者中心一层门厅墙面，挂设两幅大型展板——庞泉沟保护区的卫星影像图和功能区图，访客在这里首先可以了解庞泉沟的整体概况。

庞泉沟保护区卫星影像图

庞泉沟自然保护区地处吕梁山脉的中段，位于山西省交城与方山两县交界处，总面积 10443.5 公顷，即 104 平方公里，南至北和东到西各约 15 公里，海拔在 1600 ～ 2831 米之间。

在卫星影像图上，这里大部分区域为绿色的森林所覆盖，在我国暖温带，保存这样完好的天然林实属罕见。区内森林覆盖率高达 86%，植被覆盖率 95% 以上，与风沙茫茫的黄土高原其他地区截然不同，宛如一颗璀璨的明珠，镶嵌在巍巍吕梁山上。因此，庞泉沟保护区被誉为黄土高原上的"绿色明珠"。

保护区主要保护对象是：世界珍禽褐马鸡和这里独特的华北落叶松、云杉天然林。

【背景资料】黄土高原上的绿色明珠

1992 年 10 月 28 日，《CHINA DAILY》上全文刊登了这样一篇文章——《黄土高原上的绿色明珠》，首次向海内外介绍了美丽的庞泉沟。

1980 年，为了保护珍禽褐马鸡，经山西省人民政府批准，山西省林业厅在吕梁山脉北段的管涔山和中段的关帝山，划建出山西省最早的两处自然保护区——芦芽山和庞泉沟保护区。

庞泉沟保护区位于吕梁山脉的最高处，横跨吕梁山脉主脊线的东西两坡，保护区是在省直关帝山林区的孝文山和阳圪台林场中各划出一部分成立的，因为区域内一条主要山谷叫庞泉沟，依据省级自然保护区"省名＋地名"的命名规则，所以被定名为"山西省庞泉沟自然保护区"。1986 年，保护区被国务院批准晋升为国家级自然保护区，依据国家级自然保护区"省名（不加省字）＋地名＋国家级自然保护区"的命名规则，名称随即变更为"山西庞泉沟国家级自然保护区"。

黄土高原，雨水较少，气候干燥，森林缺乏，以"荒凉与贫瘠"为特征的"黄土高坡"一度成为这块土地的代名词。用黄土高原上的"绿色明珠"来形容庞泉沟保护区，真是太贴切了。一般人很难想到，在吕梁大山深处的庞泉沟自然保护区，竟然是一片山清水秀的人间仙境，这里的森林覆盖率高达86%。如果算上地上的草本，植被覆盖率要达95%以上，事实上，在庞泉沟，裸露地只是为数不多的悬崖绝壁。吕梁山脉宛如黄土高原的脊梁，高高矗立在高原之上，庞泉沟所处的吕梁山脉中段地势最高，绿色的森林与周边的黄土高坡形成鲜明的对照，脱颖而出，在华北地区、乃至整个西北地区，绝无仅有。说它是黄土高原上的"绿色明珠"，实至名归。

庞泉沟保护区是山西省最早建立的自然保护区，是山西省的第一个国家级自然保护区。国家级保护区的范围界限要经国务院批准确定，在保护区内，管理区域一般可分三个功能区，即：核心区、缓冲区和实验区。各个功能区在法律上有明确的规定，如核心区实行严格保护，禁止任何单位和个人进入；实验区可开展科研、旅游和生产活动等。

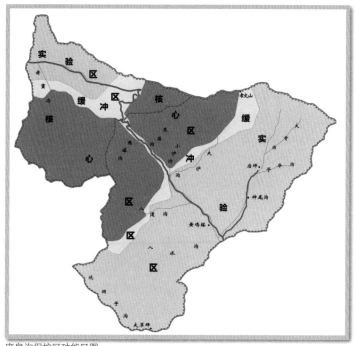

庞泉沟保护区功能区图

【背景资料】自然保护区

自然保护区是人类为了保护自然、文化遗产人为划定的自然和近自然区域。近代的自然保护事业起源于美国，1872年，美国政府"为了人民享有的利益和享乐，划出一块公园或游乐场所"，建立了世界上第一个自然保护区——黄石公园。20世纪，随着生物学、生态学等自然科学的发展，人类对环境问题有了更新的认识，自然保护事业发展很快。特别是第二次世界大战后，在世界范围内成立了许多国际机构，从事自然保护区的宣传、协调和科研等工作，如"国际自然及自然资源保护联盟"、联合国教科文组织的"人与生物圈计划"等。目前全世界自然保护区的数量和面积不断增加，自然保护区建设已经成为一个国家文明与进步的象征之一。

1956年，我国在广东的鼎湖山建立了第一个自然保护区。改革开放后，作为保护自然资源与生物多样性的重要手段，我国保护区建设得到蓬勃发展。到2012年年底，全国（不含香港、澳门特别行政区和台湾地区）已建立各类自然保护区2669个，面积1.50亿公顷，占国土面积的14.94%，其中国家级自然保护区363个。林业系统共建自然保护区2150处，保护面积1.2亿公顷，占国土面积13%，其中国家级286个。我国的自然保护区已经保护了我国90%的陆地生态系统、85%的野生动物种群和65%的高等植物群落，以及20%的天然林，50.3%的天然林湿地。

我国自然保护区分为国家级和地方级，地方级又包括省、市、县三级自然保护区。此外，由于建立的目的、要求和本身所具备的条件不同，具有多种类型。按照保护的主要对象来划分，自然保护区可以分为生态系统、生物物种和自然遗迹三大类型。

按照联合国教科文"人与生物圈计划"的保护区管理模式，我国在《森林及野生动物类型自然保护区管理办法》和《中华人民共和国自然保护区条例》中规定，保护区在管理上一般划分为三个功能区，即核心区、缓冲区、实验区，并对各个功能区域的管理作出明确的法律规定。庞泉沟保护区总面积10443.5公顷，核心区3542.6公顷，占总面积的33.9%；缓冲区1307.6公顷，占总面积的12.5%；实验区5593.3公顷，占总面积的53.6%。

庞泉沟保护区地处吕梁山脉的深山腹地，与外界的交通主要是翻越吕梁山的 320 省道，又称祁方公路（从祁县到方山县）。保护区管理局设在交城县庞泉沟镇（原横尖镇）二合庄村，管理局向东距交城县城 93 公里、太原市 148 公里，向西距方山县城 37 公里。

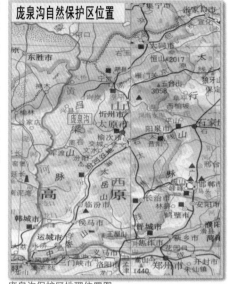

庞泉沟保护区地理位置图

【背景资料】庞泉沟保护区的社区

庞泉沟自然保护区管理的辖区属于省直关帝山林区，受林业厅领导。在行政区域上，保护区地处山西省吕梁市的交城、方山两县交界，中东部位于交城县庞泉沟镇，面积占全区的 71.3%；西部位于方山县麻地会乡，面积占全区的 28.7%。

区内有庞泉沟镇的长立、黄鸡塔、神尾沟、后坪、王寺沟、大草坪和麻地会乡的阳圪台，共 7 个自然村，人口 1039 人。周边还有庞泉沟镇的二合庄、张沟、阳堤塔、横尖、阳坡、安上、习窝、柴碌沟、社堂、王家湾，麻地会乡的阳圪台、桦林坪、冯家庄共 13 个自然村，涉及人口 3700 人，受当地一级政府管理。

保护区地处吕梁山脉的深山腹地，与外界沟通联系较少，相对封闭。居民生活仍沿袭传统的自给自足方式，生活质量差，经济相对贫困。农业生产仍为传统耕作方式，农耕地沿河谷呈翼状、片状不连续分布，坡地占耕地总面积的 4/5，不适于机械化耕作，生产力水平低下。农副业生产主要有养殖家畜、采集野生菌类和中药材等。

辖区内有二级公路 320 省道——祁（祁县）方（方山）公路贯穿全境，是保护区对外联络的主要干道，向东距青银高速开栅口 83 公里，距交城口 100 公里；向西 15 公里，至方山县麻地会乡，是吕梁市至岚县公路上的交通要道。太佳高速公路可通保护区西北面的方山县马坊口，距保护区管理局 36 公里。保护区辖区内的大部分区域覆盖移动通信网络，保护站和大部分自然村接通固定电话。

保护区社区文化落后。高中以上人口仅占 2.7%，初中人口为 16.0%，其余均为小学文化程度，在 60 岁以上人口中，文盲占到相当高的比例。自然保护区和当地村庄均无学校。

庞泉沟自然保护区的建设和发展，有效地保护了森林植被、涵养了水源、保持了水土、调节了小气候，减少了社区干旱、洪水、泥石流等自然灾害的发生。但是，保护区的建立，在一定程度上也限制了社区群众对森林、野生动物、矿产等自然资源的利用。采伐林木、狩猎、开垦等活动被禁止，砍柴、采菌、挖药等行为受到限制，使社区传统生活方式受到一定的影响，生存成本增加，依赖自然资源的收入减少。野生动物危害人畜和农作物的事件时有发生。1996 年以来，已发生野生动物伤害牲畜事件 30 余起，危害农作物的损失金额达 1000 万元以上。

近年来，保护区发展生态旅游，在很大程度上促进了区域经济的发展。当地居民从事旅游服务，开设旅店、饭店、参与导游服务的人数不断增加，以旅游服务为主的副业逐步成为当地的主导产业。

二、亲切的关怀

导语

　　一层大厅红色幕布背景墙上，悬挂着来宾在庞泉沟活动的照片，集中展现出各级领导、社会各界对庞泉沟自然保护区建设的关怀。

　　第一幅照片是华国锋参观庞泉沟。1991 年 9 月 15 日，华国锋偕夫人一行 8 人，在省顾委主任李立功等同志的陪同下，回到故乡交城县，来到了庞泉沟。其间欣然题词"保护自然资源　建设绿色宝库"。

华国锋参观庞泉沟保护区

【背景资料】伟人故乡情

改革开放30年后，在革命老区山西吕梁山脚下，一座小县城——交城，确立了"建设伟人故里，唱响交城品牌，打造特色交城"的发展目标。这个"特色"，就是发展以庞泉沟生态旅游为主的绿色产业。这位"伟人"，中年以上的人对他还有记忆，都知道是华国锋。

1976年10月，以华国锋同志为首的党中央果断采取行动，一举粉碎了"四人帮"，彻底结束了文化大革命，神州大地气象新。为了歌颂"英明领袖华主席"，古老的民歌《交城山》，经过中国人民解放军总政歌舞团作为"突击任务"，重新填词："交城的山来，交城的水，交城的山水实在呀美。交城的大山里住过咱游击队，游击队里有咱的华政委。华政委最听毛主席的话，他紧跟咱毛主席打天下"，又经过出生于山西的著名歌唱家郭兰英的演唱，这首歌曾经唱遍大江南北，轰动一时。交城这个山区小县，也因此为全国人民所熟知。

华国锋其实姓苏，原名苏铸，1921年2月16日，出生在交城老县城的永宁南路四十六号，那是一座典型的晋中农家小院。1937年"七七事变"后，他毅然投身抗日运动，为了表达做中华民族抗日救国先锋的决心，1938年改名为华国锋，参加山西牺牲救国同盟会交城抗日游击队，从此走上革命道路。

从抗日战争到新中国成立前期，华国锋在家乡交城，进行抗日游击活动，承担发动群众、配合八路军主力消灭日伪军、顽军和抗日动员等重要任务，历任中共交城县委书记等职。

毛主席的故乡湖南省湘潭县，与华国锋的一生深厚结缘，可以说湘潭县就是华国锋的第二故乡。

《交城人说交城事》这本书里说，"山西交城和湖南湘潭地理位置处于同一经度，这叫一脉相承"。1949年，28岁的华国锋作为南下干部，出任湖南省湘潭县县委书记。之后他从县委书记做起，历任湘潭地委副书记、地委书记、省文教办公室主任、省委统战部部长等职。1958年后，他任湖南省副省长、省政协副主席、省革命委员会主任、省委第一书记兼湖南省军区第一政治委员等职务。毛泽东主席评价他是"讲老实话，是老实人"。

1971 年之后，华国锋调中央工作，他先是协助周恩来总理负责国务院有关工作。1975 年 1 月，任国务院副总理兼公安部部长。1976 年 1 月 8 日，周总理逝世。2 月，根据毛泽东主席的提议，华国锋担任国务院代总理，主持中央日常工作。同年 4 月，任中共中央第一副主席、国务院总理。

2011 年 2 月 19 日，《人民日报》刊发中共中央党史研究室题为《为党和人民事业奋斗的一生——纪念华国锋同志诞辰 90 周年》一文，对华国锋的历史贡献作出高度评价：

"1976 年 9 月 9 日，毛泽东同志逝世，全国人民沉浸在巨大的悲痛之中。'四人帮'加紧了夺取党和国家最高领导权的阴谋活动。在这历史重要关头，华国锋同志同'四人帮'篡党夺权的阴谋活动进行了坚决斗争，并提出要解决'四人帮'的问题，得到了叶剑英、李先念等中央领导同志赞同和支持。同年 10 月 6 日，华国锋和叶剑英等同志代表中央政治局，执行党和人民意志，采取断然措施，对王洪文、张春桥、江青、姚文元等人实行隔离审查，一举粉碎了'四人帮'，挽救了党，挽救了中国社会主义事业，推动党和国家事业发展翻开了新的一页。"

1981 年 6 月，在党的十一届六中全会上，华国锋辞去了中共中央主席、中共中央军委主席最高领导人职务，一直居住在北京西皇城根一处原明代礼王府的院落，继续关心党和人民。

怀着对故乡的无限思念，华国锋乡音难改，一直讲着一口浓重的山西交城话。1991 年，他回到家乡交城，并特意到自己出生的房间看了看，还留了影。他连声感慨："到家了，到家了！"。也是这一次回乡，他在山西省顾问委员会主任李立功等同志的陪同下，来到了交城山巅的庞泉沟。李立功同志曾任山西省省委书记等职务，就是地地道道的庞泉沟人，他出生的山水村，离保护区管理局只有 7 公里。这两位高级领导人，不仅都是山西交城老乡，也许有人还不知道，实际上他们还是儿女亲家。

2008 年 8 月 20 日 12 时 50 分，华国锋在北京逝世，享年 87 岁。

怀着对家乡的深深眷念，他生前曾交代亲人，"我回卦山吧，那里树多，清净。小时候在那儿，打游击也在那儿……"2011 年 11 月 3 日，华国锋的骨灰从北京八宝山革命公墓，移至新建好的交城县陵墓。

华国锋陵墓位于交城县城北约 3 公里处的卦山，当地人亲切地称之为"华陵"。陵墓设计参仿南京中山陵，坐北朝南，依山而建，居高临下，顺南望去，整个交城县城一览无余。陵墓西边是山西省级文物保护的瓦窑原始遗址，东侧有建于清康熙年间的古庙文昌宫，其间千年古柏称奇，老树成荫。

陵墓的下方是吕梁革命英雄纪念广场。365 阶花岗岩石阶直通墓地，中有四个大平台，左右宽度 12 米，寓意一年四季，两侧白玉栏杆相护。最顶墓碑为花岗大石鼎，正看如 H，取"华"字汉语拼音开头大写字母，既喻华国锋，也有中华之意；鼎高 5.5 米，寓意华国锋 55 岁成为中共中央主席。

建在交城卦山的"华陵"

就在同一年的 20 天前，即 1991 年 8 月 25 日，李先念主席的夫人林佳楣同志等一行 18 人，参观过保护区。

林佳楣参观庞泉沟

【背景资料】社会各界的关注

庞泉沟，原本处于吕梁山脉大山深处的一条山谷，从未被世人所关注。1980年，为了保护褐马鸡，山西最早的自然保护区用她定了名，她就像一个鲜活生命，诞生人间。1984年，湖南张家界出现了我国第一个森林公园，在它的带动下，1985年，庞泉沟的森林旅游也早早起步，并且引起社会各界知名人士的关注。

中央部委有关领导：1985年10月，林业部副部长刘广运；1986年6月17日，国务委员康世恩，原石油部部长刘文彬；7月31日，《人民日报》总编、新华社副社长安岗等同志来保护区视察……

山西省级领导：1986年10月21日，王森浩省长一行7人；1987年8月5日，省顾委主任贾俊一行17人；1988年5月22日，省委书记李立功等在保护区参观，并题词"庞泉览胜"；6月19日，原省委书记卢功勋；8月8日，原省委书记霍士廉到保护区视察，并题词"山清水秀 万象更新"……随着庞泉沟旅游的发展，历任山西省主要省级领导，几乎都来过庞泉沟。

新闻媒体：1986年夏天，北京农业电影制片厂在区内拍摄科普电影《褐马鸡》；1987年8月29日，峨眉电影制片厂在辖区的黄鸡塔村，举行电影《山月儿》开机仪式……之后，电影、电视、新闻、杂志等各类媒体，都瞄准庞泉沟这个场所，从时代的角度，不断创作出新的文艺作品。

科研工作者：早在1982年9月，在山西省生物研究所动物研究室专家的指导下，保护区工作人员撰写的论文《应用机动车统计褐马鸡数量初探》，发表于《生物研究通报》，这是保护区科研人员公开发表的第一篇论文。之后，随着旅游的发展，庞泉沟接待条件的改善，知名度的提高，中国林科院、中国农科院、山西大学、山西农业大学等科研教学单位的科研工作者络绎不绝。

国际友人：1985年5月，美国亚洲鸟类专家贝京先生来到庞泉沟，进行了3天鸟类观察，他是第一位来访庞泉沟自然保护区的外国人。1989年10月，第四届国际雉类会议在京召开，会后各国专家来庞泉沟考察。我国特有鸟类褐马鸡，深深吸引了远来的客人。

1991 年，对于庞泉沟的人们来说，早已习惯了知名人士的来访，但这一次，却让他们感受不同，久久的印记：8 月 25 日，李先念主席夫人林佳楣来到庞泉沟保护区参观。

李先念，无产阶级革命家、军事家。1909 年 6 月 23 日生，湖北省黄安（今红安）县人。1983 年 6 月至 1988 年 4 月任中华人民共和国主席。1992 年 6 月 21 日逝世，终年 83 岁。林佳楣是李先念的夫人，1924 年生，江苏丹阳人。保护区的职工目睹了这位"第一夫人"的风采，与她近距离接触，为她讲解了野生动植物、美丽的大自然知识。林佳楣 1949 年毕业于上海同德医学院，历任湖北省武汉市妇幼保健院副院长、中华医学会副会长、卫生部妇幼卫生司司长、全国人口领导小组组长、国家计划生育协会主任等职。

伴随旅游的开展，庞泉沟自然保护区一路走来。截至目前，已有上千万人来此参观过，其中不少是各级领导和社会知名人士，他们的到访和对保护事业的关注，对提升庞泉沟的知名度，提高全民保护意识，推进全社会对自然保护事业的关注和支持，都产生了积极而深远的影响。

2003 年 9 月 12 日至 13 日，太原市盲童学校和聋人学校在庞泉沟举行"关爱成长、关注成才"活动，并在保护区建立环保基地。

环保基地揭牌仪式

【背景资料】各类基地

1995 年以来，庞泉沟保护区陆续被有关部门和单位确定为各类宣传教育和教学实习基地。

1. 绿色、自然与人类活动观察站，山西省生态经济学会，1995 年。

2. 山西省爱国主义教育基地，山西省委省政府，1995 年。

3. 吕梁市地级文明单位, 吕梁市委市政府, 1996 年。

4. 文明单位, 交城县委县人民政府, 1997 年。

5. 山西农业大学教学实习基地, 山西农业大学, 1998 年。

6. 山西省德育教育基地, 山西省教委, 1999 年。

7. 全国科普教育基地, 中国科学技术协会, 1999 年。

8. 全国保护母亲河行动教育示范基地, 全国保护母亲河行动小组, 2000 年。

9. 山西省聋人学校环保教育基地, 山西省聋人学校, 2003 年。

10. 山西省盲童学校环保教育基地, 山西省盲童学校, 2003 年。

11. 中国青少年探险基地, 中国探险家协会, 2005 年。

12. 全国野生动物疫源疫病监测站, 国家林业局, 2005 年。

山西省人大在庞泉沟调研

山西省人大十分关心保护区建设, 2012 年 7 月 5 日至 6 日, 省人大领导在庞泉沟进行《野生动物保护法》(以下简称《野生动物保护法》) 和《山西省实施〈野生动物保护法〉管理办法》的执法调研活动。

【背景资料】野生动物保护法

《野生动物保护法》是为保护、拯救珍贵、濒危野生动物, 保护、发展和合理利用野生动物资源, 维护生态平衡所制定的一部法律。1988 年 11 月 8 日经第七届全国人民代表大会常务委员会第四次会议通过, 2004 年 8 月 28 日经第十届全国人民代表大会常务委员会第十一次会议修正, 颁布实施。1992 年 5 月 20 日, 山西省第七届人民代表大会常务委员会第二十八次会议通过《山西省实施〈野生动物保护法〉办法》。

野生动物是大自然生态平衡的基石, 是人类生存发展不可或缺的伙伴，保护野生动物对促进人与自然和谐发展具有十分重要的意义。《野生动物保护法》实施20多年来，通过各级政府、民间团体和热爱动物人们的广泛宣传和深入贯彻执行，我国广大民众的野生动物保护意识普遍得到提高，全社会保护野生动物的法制观念得到了增强，彻底改变了"野生无主，谁猎谁有"的传统观念，为野生动物的保护起到了至关重要的作用。

自然保护区是野生动物的天然基因库，保护野生动物是自然保护区的基本任务。《野生动物保护法》首次从法律的层面明确"国务院林业、渔业行政主管部门分别主管全国陆生、水生野生动物管理工作"；"国家保护野生动物及其生存环境，禁止任何单位和个人非法猎捕或者破坏"；"国家对珍贵、濒危的野生动物实行重点保护。国家重点保护的野生动物分为一级保护野生动物和二级保护野生动物。国家重点保护的野生动物名录及其调整，由国务院野生动物行政主管部门制定，报国务院批准公布"；"在自然保护区、禁猎区和禁猎期内，禁止猎捕和其他妨碍野生动物生息繁衍的活动"；"国务院野生动物行政主管部门和省、自治区、直辖市政府，应当在国家和地方重点保护野生动物的主要生息繁衍的地区和水域，划定自然保护区，加强对国家和地方重点保护野生动物及其生存环境的保护管理"等内容，为自然保护区的有效保护和管理发挥了巨大作用。

2012 年 7 月 11 日至 12 日，由环保部等 7 个部委专家组成的国家自然保护区管理评估专家组，对庞泉沟保护区的管理工作进行了评估。

庞泉沟保护区管理工作评估

【背景资料】自然保护区管理评估

2012 年 7 月 11 日下午，国家自然保护区管理评估专家组抵达庞泉沟。此次评估专家组由中国林科院、环保部环境规划院、水利部太湖流域管理局、国土资源部评审中心、环保部南京环科所、山西省环保厅、山西省林业厅的 8 人组成。

保护区管理局结合管理评估的十项标准（①机构设置与人员配置；②范围界线与土地权属；③基础设施建设；④运行经费保障程度；⑤主要保护对象变化动态；⑥违法违规项目情况；⑦日常管护；⑧资源本底调查与监测；⑨规划制定与执行情况；⑩能力建设状况）做了专题多媒体汇报。

11 至 12 日，专家们实地考察保护区阳圪台、黄鸡塔保护站（监测站）、繁育救护中心，保护区办公楼、宣教、救护等基础设施，查阅相关文件资料，与保护区管理局相关领导以及工作人员座谈。之后，专家组进行集体讨论评分，评估结果为："优"。对保护区"建立了比较完善的保护区管理体系和运营机制、保护工作成效显著、科研监测工作比较深入"给予肯定。

此次国家级自然保护区管理工作评估，是由建有保护区的国家环保部、国土资源部、水利部、农业部、国家林业局、中科院、国家海洋局 7 个部委联合组织的，评估目的是为了提高国家级保护区的管理水平，推动我国自然保护区从数量型向质量效益型转变。山西省评估的对象依次是芦芽山（7 月 9 日）、庞泉沟、五鹿山、历山和蟒河 5 个国家级保护区，这也是庞泉沟保护区建区 30 年来的第一次评估。

三、庞泉沟生态旅游

导语

　　一层大厅中央圆形不锈钢护栏中，是大约 2 米见方的庞泉沟保护区的沙盘模型。配合不同灯光色彩做成的图例、小巧玲珑的建筑物标志，庞泉沟保护区的全貌直观地展现出来。

　　庞泉沟保护区 1:10000 的沙盘模型，完全按等高线制作。在沙盘模型上，首先要找到访问者中心所在的保护区管理局大院，这里的海拔是 1650 米，它不在保护区辖区内，距保护区边界 1 公里。沙盘上亮红灯的一圈是保护区的边界，黄灯圈起来的四个区域是生态旅游小区，蓝色闪烁的是河流……

　　沙盘上黄色的是 320 省级公路，是每一名游客来庞泉沟的必经之路。320 省道经过的最高处叫分水岭，山顶文峪河水向东流入汾河，北川河向西流入黄河，民歌《交城山》中"交城的山来，交城的水，不浇那个交城浇文水……"唱的就是文峪河的水。这里是吕梁山脉的主脊线，也是交城县和方山县的行政分界线。

庞泉沟内的 320 省道

【背景资料】交山之巅 文水之源

　　乘车从保护区管理局出发，沿320省道西行进入保护区辖区，途经"绿色长廊"的庞泉沟山谷，便可到达山顶的分水岭，这段路程共8公里。

　　分水岭，当地叫大路峁，海拔从保护区管理局的1650米升高到2200米。站在大路峁上，吕梁山脉的主脊线就在脚下。一块醒目的界碑立于山顶，东面是交城，西面是方山。这里也是交城县最西边的地方，从交城县平川的入山口到大路峁顶，将近100公里，交城有一句歇后语说"交城的县长——管得宽"，本意是交城在过去管辖的范围比较大。

　　大路峁之上，向东远眺是连绵不断的群山，这不由地让人联想起民歌《交城山》。交城山历史上就十分有名，北魏时期，此山为皇家封山消夏、牧马之处。唐代武则天之父武士彟曾于隋仁寿四年购置此处山林，经营木材生意七年。唐代八仙之一的张果老，是交城县东关人，曾在此修仙得道，距保护区30公里的双家寨村西，有小阿苏山，古书记载张果老在此修道，故名"果老峰"。有资料说，这里明代为藩王牧马地，故称"官地山"。但2012年交城县广播电视台栏目《交城人说交城事》，笔者认为更具有资料性，说关帝山是因为武则天取唐改周，当了皇帝，册封她父亲为高皇帝，因此民间将武则天父亲经营木材的发家之地称为"高帝山"。1952年，建立关帝山林场的时候，地图上要标山名，当时的工作人员没搞清当地老百姓方言称的"高帝山"是怎样一回事，因山上有处关帝庙，遂改成叫关帝山。

　　如今，庞泉沟的所在地，地图上大名叫做"关帝山"，已成事实，难以更改。但明末清初，声势浩大的交山农民起义也一样永载史册。这里的交山，通称交城山，范围更广阔。

　　《交山平寇始末》有记：明嘉靖末年，交山农民揭竿而起，据山扎寨，与明王朝展开斗争。崇祯四年（公元1631年）六月，陕西起义军首领王自用，联合高迎祥、张献忠等共36营，20余万人，转战山西。交山农民军率部紧密配合，以赫赫岩山为根据地，立营三座崖。

　　崇祯十七年（公元 1644 年）正月，李自成在西安建都，号大顺。二月闯王大军由西安攻入山西，在交山农民军的配合下，入汾州，在交城平川扎大营，破太原、克大同，遂即攻陷北京，明朝灭亡。驻守山海关的明将吴三桂降清，清军入关，打败大顺军。清顺治帝迁都北京，从此清朝取代明朝成为全国的统治者。五月，李自成兵败退回西安，交山农民军在任亮、王董英、郭彦、李述孔、王全和巴山虎（姓高）率领下，继续坚守交山，展开反清斗争。

　　顺治五年（公元 1648 年），交山义军联合吕梁山寨义军大战一年，攻克太原附近 50 多座城池，除榆次、太原少数县城外，其他府州县城大都被义军所占领。

　　清廷大为震惊，下旨对交山农民军"剿杀净尽"。面对凶势，义军采取暂弃城池、转移入山、固守山寨、保存实力的战略战术。放弃清源、交城、文水、徐沟、祁县等城池。山西巡抚祝世昌，调满汉官兵 2000 余人围剿交山农民起义军重要兵寨之一——炼银山（保护区管理局东 2 公里处有一高山，当地名为炼银山），义军率众抗御，截获粮草，大败清军。之后二十余年，清兵跃跃欲试，但始终不敢轻易入山。

　　康熙七年（公元 1668 年），赵吉士任交城知县后，整饬城厢都甲，组织乡勇团队，重建衙署，加固城池，一边赶制包围山寨的器械，一边派奸细入山侦探义军虚实，更将坐探王登仙打入义军总寨三座崖。

　　康熙十年（公元 1671 年）十月初十日大雪，赵吉士偕同太原营守备姚顺，率"精兵"三百，调"善战"乡勇一千余人，趁夜袭击葫芦川各山寨，进而围攻三座崖。经过七天血战，义军因战略失策，内奸作梗，任亮、傅青山等领袖壮烈牺牲，余部大多被俘，交山义军终因寡不敌众而失败。

　　"交城的山来交城的水，不浇那个交城浇文水"，民歌《交城山》的唱词落点在"交城的水"。大路峁下，一条 20 里长的山谷开阔向东，森林郁郁葱葱，山谷的名字就是庞泉沟，是文峪河的发源地。这里是地理意义上黄河两大支流汾河和三川河的分水岭，东边的水系沿文峪河流入汾河。西边的冯家庄河汇入北川河南流至离石，合东川河、南川河共称三川河。

文峪河，古名文谷，又名文水，《水经注》："文水南径平陶县，又南径兹氏县故城东为文湖"。文峪河水很大，据说1962年还最后一次漂流木材。如今河水虽不比早年大，但从2010年开始，仍能火爆地发展"庞泉沟漂流"。文峪河水质清澈，没有污染，它沿交城山的大山峡谷一路而下，经过庞泉沟镇（原横尖镇）、会立乡、西社镇，经历百余里，汇入交城山入山处的文峪河水库。

交城、文水两县的平川毗邻，位于太原盆地的西南边缘，人口密集，自古就是三晋的最富庶之地，但山西经常性的干旱和缺水也同样是这里最大的困扰。由于自然地形文水较低，所以，交城山上的文峪河水，实则多为文水县所用。引文峪河之水，造福两县更多的人民，从古到今，一直是这里饱受缺水之苦人们的梦想。

武则天改唐建周当了皇帝后的显庆五年，并州（今太原市）干旱，她回到故里文水巡视，看到文峪河的一弯清水，随口说了一句"一碟干泉水，育的千亩田"。借助皇恩，文水县令戴谦修干泉、荡沙、灵长、千亩四渠，灌溉千亩良田，造福乡民。戴谦死后，百姓曾像对待神仙一样供奉着他。清初，交城知县赵吉士在完成剿灭交山农民起义的两年后，便开始实施"龙门渠"引水，之后又有多任知县想完成此项壮举，但终未能如愿。

历史上，交城、文水两县平川村名曾因争水发生过许多次集体讼事，甚至在1950年二月初十，"引文峪河水浇交城"再次摆上交城县议事日程的时候，发生了一千多名文水县开栅村村民"围攻交城县长张进才事件"，发展到村民持枪，双方马上要发生枪战的严重事态，最后以反革命事件上报中央后，中央批复为一般事件。民歌《交城山》古老的唱词，就源于乾隆三十二年，因两县村民争水，致死人命，交城县民间愤恨天道不公，一曲悲词"交城的山来，交城的水，不浇那个交城浇文水……"诞生并流传。

从交山农民起义的悲壮历史，到民歌《交城山》的一曲心酸故事，唱出了300多年来交山、文水的悲凉与沧桑。2010年，交城再次开启"龙门渠"引水工程，决心凿开交城山，从几十里外的庞泉沟山谷，直引文峪河水入县城，打造山环水绕的新交城。

分水岭上建有一座防火瞭望塔，塔高四层，登高远眺，庞泉沟风光尽收眼底，同时，也可以一睹"写"在塔上的"庞泉沟文化"。

防火瞭望塔

【背景资料】瞭望塔上的庞泉沟文化

大路峁东百米，有一个小高地，上面建有一座四层仿古式砖塔。此塔建成于1998年，是自然保护区专为防火瞭望之用所建，现已成为观景之塔。

走进瞭望塔一层门厅，迎面墙上镶嵌一幅石刻，上书一首七律古诗，是山西国际文化交流书画院黄克毅先生，在1999年7月3日游庞泉沟所做。他用生动的文笔，勾勒出庞泉沟的"十大奇景"。

驱车迢递走庞泉，浓荫蔽日绿云幡。

孝文古碑无字迹①，高山草甸色斑斓②。

三峰并立成笔架③，文源落霞赏翠恋④。

珠玉垂帘飞白雪，清洌如饴润心田⑤。

苍松巍然形似塔⑥，夕照天门起岚烟⑦。

台僧点化雄狮石，安卧林海万斯年⑧。

翁孙恪守生妙意⑨，松杉夹道褐鸡喧⑩。

珍禽异兽看不足，游目骋怀作此篇。

注：

①指景点孝文古碑，见后文《吕梁山脉主峰——孝文山》。

②指云顶山亚高山草甸，有景点"云顶日出，见后文《登云顶山》。

③指笔架山，有景点笔架生辉，见后文《笔架山传奇》。

④指景点文源晚翠，见后文《大路峁上的景点》。

⑤指景点龙泉瀑布，见后文《大沙沟景区导游》。

⑥指景点古树宝塔，见后文《大沙沟景区导游》。

⑦指景点天门瑞气，见后文《雄险八道沟》。

⑧指景点雄狮夕照，在八沟口，有一巨石酷似一横卧的雄狮，相传当地有一水怪，被五台山一仙僧降服，点化为此石。

⑨指景点翁孙守林，见后文《雄险八道沟》。

⑩指景点绿色长廊，见前文《交山之巅 文水之源》。

瞭望塔每层都有楹联，集中展示出庞泉沟文化的底蕴。

一层：高也巍巍青山脚下踩　远矣茫茫林海眼底收

——畅达，名畅时民，曾任山西省关帝山森林经营局局长，2000年去世，山西林业文化名人。

雄乎关帝山千峰拔地　壮哉庞泉沟万笏朝天

——程光，名李晨光，山西省关帝山国有林管理局退休高级工程师，山西林业文化名人。

二层：烟霞问讯　风月相知

——徐三庚（1826～1890），字辛穀，号袖海，金罍道人。浙江上虞人，为一代大家。

三层：光彩春风初转蕙　性灵秋水石藏珠

——邓石如（1743～1805），清代著名书法大家。初名琰，字石如，后改字顽伯，又号元白山人。安徽人，《清史稿》有传。

四层：因岐成绪触涧开渠　异岭共云 同峰别雨

——鲁琪光（清同治年间人），字芝友，同治年进士，官至济南知府。擅长书法。

赤野生姿青田矫翰　白云怡意清泉写心

——童华，清道光年间进士，字惟究，号薇研。光绪时官至礼部侍郎。擅长书法。

明月清风开朗抱　高山流水有知音

——施南京，清代著名书法家，生卒不详。擅长诗词文章。《楹联墨蹟大观》第九卷有载。

登塔南望睡美人俨似仙女到人间　回首北顾孝文山勤政孝母美名传

——赵雨亭（1917～2008），山西省平定县人。1938年加入中国共产党。1979年3月任山西省省委书记，1986年5月任山西省顾问委员会副主任；1995年中央批准离休。

睡美人

　　分水岭地势开阔，处于交通要道，这里是庞泉沟优美自然风光的"窗口"，景点"文源晚翠"和"睡美人"也是庞泉沟的标志性景点。

【背景资料】大路峁上的景点

　　大路峁之上有一处古式凉亭，朱栋黄瓦，飞檐挑角，亭上书有"文源晚翠"。

　　"文源晚翠"是庞泉沟"十大奇景"之一。"文源"，即文峪河的源头。"晚翠"是指：秋天的下午，斜阳照射着群山，远处苍茫无际，天高云淡，近处林海如潮，层林尽染。浩瀚森林的主角——华北落叶松变成一片淡黄，其间点缀着灰绿的云杉、金黄的白桦、墨绿的油松、斑斑点点鲜红的花楸，织成了一幅锦绣画卷，在夕阳余辉映照下，格外绚丽。

　　从大路峁向北登上瞭望塔，极目向南远眺八道沟一带远山，山梁起伏变化，奇景天成，山体俨然是一位仰卧着的美女：长长的睫毛、挺挺的鼻梁、飘起的秀发、丰满的胸部、细窕的腹部，显得俊俏美丽，这就是著名的"睡美人"。所有游客来到庞泉沟，都要登临此处，观山景，看美人，浮想联翩，拍照留影。在庞泉沟《生态旅游总体规划》中，此自然景观评价得分最高，等级为"优"。

　　以睡美人为特征的文源晚翠，集中展示出庞泉沟森林的风貌，同时，又在320省道的便利交通位置上，是游客到庞泉沟旅游的必到之处，如今，已是庞泉沟的标志性景点之一。

自然保护区的旅游是一种生态旅游,在保护区实验区内,国家批准规划出四个生态旅游小区,可以用来开展旅游活动。

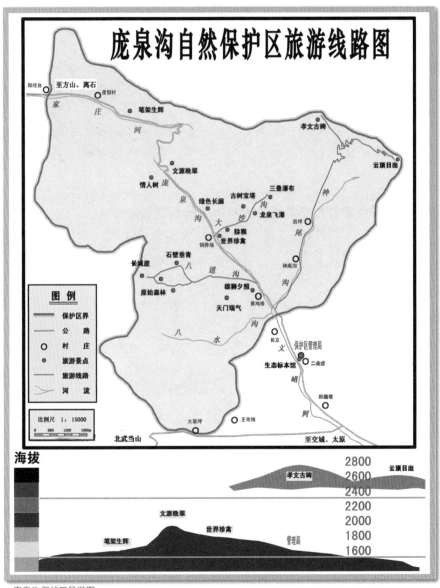

庞泉沟保护区导游图

【背景资料】庞泉沟生态旅游

来庞泉沟旅游，主要是观光这里优美的自然风光。如今，这种旅游被赋予了一个时尚的说法，叫做生态旅游。生态旅游是指旅游者到大自然中去，在欣赏自然景观和了解生态现象的同时，受到环境教育、达到生态认知的可持续发展的旅游。生态旅游不仅用来表述对所有观光自然景观的游览，而且强调观光的对象不受损害，旅游者受到环境教育和生态文明的启迪，反映了保护自然的责任和要求。

庞泉沟保护区从 1985 年开始试办森林旅游，优美的自然风光、宜人的气候条件以及距省城太原市较近的地理优势，使庞泉沟的生态旅游在省内享有很高的知名度。

"云断千山峰连峰，林海无垠猿啼声，庞泉飞流源不尽，晚霞留恋睡美人"，这是庞泉沟原始而秀丽风景的真实写照。这里层峦叠嶂，奇峰耸立，沟谷有溪，森林茂密，景色优美。既有苍松翠杉、林海苍茫，又有奇花异草、芳草如茵；既有幽泉秀水、飞爆溅玉，又有峡壑幽谷、峭壁奇石；既有云雾飘渺、红日紫岚，又有珍禽异兽、山珍野菜；奇景天成，风光秀美。它们或险峻、或秀美、或壮观、或幽深，天然构成了山野森林、溪瀑云雾、天然草甸、峭壁奇石、珍禽异兽、植被花卉、山珍野菜、民俗风情八大类旅游景观 52 处。佳山丽水与名胜古迹交相辉映，历史文化与绿色生态浑然一体，优美田园与乡村悠韵和谐如画，自然风光与民俗风情相映成趣，是一块自然天成与人文完美结合的旅游宝地。

但长期以来，保护区的旅游一度在"自然保护区能否开展旅游活动"的学术争议中徘徊，旅游开发建设基本上处于原始状态。随着我国自然保护区事业的发展，很多有识之士认识到：在不破坏自然生态环境的前提下，自然保护区发展旅游，合理利用自然资源，促进人与自然和谐相处，促进全社会环保意识的提高，为社会提供优美的旅游休闲场所，改善保护区地方经济条件，以经济发展带动保护，也应该是自然保护区工作的重要组成部分。之后，国家明确规定，有条件的自然保护区可以开展旅游活动，而这个旅游必须是生态旅游。

2007年，庞泉沟保护区《生态旅游总体规划》（以下简称《规划》）经国家林业局批准，为保护区旅游发展提供了政策依据。《规划》在保护区的实验区中划定云顶山、大沙沟、八道沟、笔架山四个生态旅游小区，是保护区开展旅游活动必须遵循的范围和界限，面积1958.6公顷。

《规划》依托太原市经济圈的旅游市场，逐步开拓晋中、忻州、大同以及华北、华中市场，打造庞泉沟自然观光、森林生态休闲、避暑、度假、疗养品牌。开展体验亚高山草甸风情、原始森林探险、回归大自然、野外科学考察等庞泉沟2～3日游和短期休闲、避暑、度假、疗养项目。建设成为山西省知名的自然观光和森林休闲、避暑、度假、疗养区，培育成为国家级生态旅游示范区。到2015～2020年，力争创建国家级AAAA景区。

从2008年起，保护区按照《规划》的指导方针，积极吸收社会资本，建立融资机制，合作发展旅游。于2009年8月28日，同交城县具有较强实力的一家民营企业——山西省金桃园煤焦化集团有限公司签订合作开发合同，对四个生态旅游小区进行联合开发，庞泉沟生态旅游步入快速发展的道路。

目前每年来庞泉沟的游客约8万人次左右。在保护区生态旅游的带动下，社区旅游业蓬勃发展。当地农家旅店、饭店不断兴起，富有地方风味的特色菜肴，价廉舒适的住宿条件，骑马、篝火晚会等特色旅游项目，正不断吸引着更多游人的到来。庞泉沟自然保护区建有3000平方米的大型宾馆、900平方米的高档别墅，内设大型酒店、会议室、歌舞厅等，一次可接待游客300多人次。

吕梁山脉主峰——孝文山

（一）云顶山生态旅游小区

保护区内的最高处，是吕梁山脉的主峰——孝文山，海拔 2831 米，为华北第二高峰。山顶至今矗立着一块古老的石碑，相传是北魏孝文皇帝所立。

【背景资料】吕梁山脉主峰——孝文山

吕梁山是我国黄土高原上的一条重要山脉，呈东北—西南走向。整个地形成穹窿状，中间一线突起，两侧逐渐降低，延绵 400 多公里，宛如一条脊梁，纵贯三晋西部。它是黄河中游地段黄河干流与支流汾河的分水岭，也是我国自然地理东西部的分界线。

山西民歌《人说山西好风光》"……左手一指太行山，右手一指是吕梁"。吕梁山，东与太行山并驾齐驱，西携黄河水奔流不息；北起管涔洪涛山，南抵龙门津渡口。由北到南包括管涔山、芦芽山、云中山、关帝山、紫荆山及龙门山。

乾坤动，吕梁生。天工镂，地貌成。相传大禹治水"凿吕梁"。吕梁山古名谷积山，又名骨脊山。吕梁山中段称关帝山，山体宽大，受放射状水系分割，山势险峻，相对高度超过 1000 米，是吕梁山脉最高处。关帝山主峰当地叫孝文山，也是吕梁山脉的主峰。《交城县志》（光绪八年版）记载："孝文山在县西北一百九十里土地山后，北魏孝文帝拓跋氏避暑于此。"民国初年，因山系东西走向，西南向阳，得名南阳山。如今，位于该山之西的方山县人，还以"南阳山"称之。

孝文山坐落在保护区境内，山周长 30 公里，东西走向，山脊呈锯齿状，南坡陡峭，北坡和缓，是北台期夷平面上的一座残山，山正南直线相距交城县庞泉沟镇11公里，西北境与方山县为界。这也是地图上一般标注的"关帝山"主峰之处，是华北地区仅次于山西五台山的第二高峰，海拔2831米。

孝文山远近闻名，不仅在于它是吕梁山脉主峰，山西第二高峰，而且在于它和北魏孝文帝有着一段深厚的历史渊源。明万历《汾州府志》记载："孝文山，顶无林薄，每雨山半云巘，坚冰盛夏不解，千崖万壑，泉源胜瀑，诚奇观也。有魏孝文庙碑一通，长丈余，宽五尺，字迹剥落，不能辨。"《山西通志》记载：孝文帝"曾避暑于此"。又曰："居冯太后丧，避此山不食者三日，群臣固请还宫，帝泣，群臣皆泣，因以名山"。古书的记载文字虽不多，但读起来令人信服，这大抵就是孝文山名的来历吧。

从山脊最近停车处西行，步行大约4公里可到孝文山顶。这段路比较难行，要经过1里多长的鬼见愁灌丛，这种植物高1米左右，全身长满粗壮的硬刺，刺比叶子还长，能穿透衣服扎在行人腿上，火烧火燎地痛。最后还得爬过几百米长的乱石堆，千奇百怪的巨大石头，有一两人高，有时怕掉进大石头缝里，又怕石块上有晒太阳的蛇，万一有一只金钱豹从巨石后窜出……真让人提心吊胆。

当爬上山顶，极目远眺，那真是"会当凌绝顶，一览众山小"，方山、交城、娄烦三县尽收眼底，远处是无边无际的山峦，近处是一派莽莽苍苍的林海。此时凉风拂面，让人心旷神怡。

孝文山顶是一块长满杂草和矮小灌木的平地，离主峰不远处有一个小平台，一块古碑矗立在石台上。碑高约1.6米，宽1.2米，厚约30厘米。碑上依稀可见碑文，但已年久脱落，辨别不清字迹，这就是有名的孝文古碑。古碑石材呈汉白玉色，显然是它山之石，古人是怎么把这块重达千斤的巨碑运上高峰的呢？石碑右上角有个孔，是否是为运输所做，让人浮想联翩……古碑周围有石块和瓦砾，这些大概就是当年孝文庙的遗址吧。

孝文帝是一个文治武功、很有作为的皇帝，他还是一个大孝子。庞泉沟保护区内的这座千古名山，随着保护事业的兴旺发展，将继续流传着他勤政孝母的故事。

孝文古碑

【背景资料】孝文帝勤政孝母

北魏是我国南北朝对峙时期，北方少数民族建立的第一个政权。开国皇帝道武帝拓跋珪是鲜卑族人，传六代、五帝，历85年后，传至著名的孝文帝。

孝文皇帝（公元467～499年）讳宏，献文帝拓跋弘长子。皇兴元年八月生于平城（今山西大同市东北）紫宫。生母李夫人，中山大族李惠之女。在拓跋宏没有出生的时候，祖母冯太后临朝，献文帝皆听命于母后。拓跋宏出生后，冯太后归政，亲加抚养宏。

皇兴三年初，拓跋宏不满二岁，生母李夫人去世。五岁时，献文帝传位太子，自称太上皇，拓跋宏继皇帝位，改年号为延兴元年（公元471年）。

孝文帝初即位时，北方连年水早，租税繁重，官吏贪暴，百姓流离，各族人民的反抗斗争连绵不断，北魏政局处于严重动荡之中。孝文帝刚满十岁时，太上皇帝驾崩，冯太后以太皇太后的名义二次临朝称制，改年号为太和。

冯太后足智多谋，能行大事，生杀赏罚，决之俄顷，具有丰富的政治经验和治国才能。自太和元年以后，她开始在社会风俗、政治、经济等方面进行一系列重大的改革，有意识地进行汉化。

她下令禁绝"一族之婚，同姓之娶"，从婚姻上改革鲜卑旧俗，下诏班制俸禄，又亲自主持颁行了重要的均田制和三长制，给北魏社会带来重大的变化。孝文帝自幼在太后的抚育、培养下长大成人，对祖母十分孝敬，又十分谨慎，自冯太后临朝专政，他很少参决朝政，事无大小，都要禀承冯太后旨意。

孝文帝年满二十三岁那年，他已成长为一个具有卓越才华、有胆有识的青年政治家。在冯太后的长期严格教育和直接影响下，他不但精通儒家经义、史传百家，而且才藻富赡，积累了丰富的治国经验，增长了实际才干，这些都为后来的改革大业奠定了坚实的基础。这年九月，冯太后不幸病逝，孝文帝哀伤至极，大哭三日。

他痛哭失声地对臣下说："朕自幼承蒙太后抚育，慈严兼至，臣子之情，君父之道，无不谆谆教诲。"又在诏书中说："朕幼年即帝位，仰侍太后安缉全国。朕的祖宗只专意武略，未修文教，又是她老人家教导朕学习古道。一想起太后的功德，朕怎能不哀慕崩摧？内外大臣，谁又不哽咽悲切？"从此以后，孝文帝独自挑起了改革的重担。

孝文帝规定了官员的俸禄，严厉惩办贪官污吏；实行了"均田制"，把荒地分配给农民，成年男子每人四十亩，妇女每人二十亩，让他们种植谷物，另外还分给桑地。农民必须向官府交租、服役。农民死了，除桑田外，均田都要归还官府。这样一来，开垦的田地多了，农民的生产和生活比较稳定，北魏政权的收入也增加了。

孝文帝是一个政治上有作为的人，他认为要巩固魏朝的统治，一定要吸收中原的文化，改革一些落后的风俗。为此，他决心把国都从平城迁到洛阳。

公元493年，孝文帝亲自率领步兵骑兵三十多万南下，从平城出发，经过一番艰难工作，终于统一了贵族大臣的不同思想，把国都确定在洛阳。

之后，他决定进一步改革旧的风俗习惯。他宣布几条法令：改说汉语，三十岁以上的人改口比较困难，可以暂缓，三十岁以下、现在朝廷做官的，一律要改说汉语，违反这一条就降职或者撤职；规定官民改穿汉人的服装；鼓励鲜卑人跟汉族的士族通婚，改用汉人的姓。北魏皇室本来姓拓跋，从那时候开始改姓为元。魏孝文帝名元宏，就是用了汉人的姓。

孝文帝大刀阔斧的改革，使北魏政治、经济有了较大的发展，也进一步促进了鲜卑族和汉族的融合。

孝文帝勤奋好学，喜好读书，性又聪慧，精通五经，博学多才，有大文笔。下达谕旨，马上口占，侍臣笔录后，不用修改一字。

他爱惜人才，亲贤任能，虚心纳谏，从善如流。他常说，"人君怕的是不能处心公平，推诚待人。能做到这两点，则胡、越之人都可以变得如亲兄弟。"他常对史官说："直书时事，无隐国恶。人君作威作福，史官又不写，将何以有所畏惧。"

孝文帝爱惜民力，生活俭朴。每次外出巡游及用兵，有关官吏奏请修筑道路，孝文帝说，"粗修桥梁，能通车马就行了，不要除草、铲得过平。"在一次淮南行军中，禁止士卒踏伤粟稻，有时砍伐百姓树木以供军用，也要求留下绢布偿还百姓。宫室非不得已不修，衣服破旧了，洗补以后又重新穿上，所用鞍勒仅是铁木制的而已。

孝文帝勤于为政，日理万机，不辞辛劳。然而他用法十分严谨，就是王公、贵戚、大臣也从不宽贷。他从来不计较小的过失，宽以待人。一次，伺从送上膳食，从饭中吃出虫子；又一次，送汤不小心烫着了他的手，这些事，他都是一笑了之。

公元499年，年仅33岁的孝文帝，因重病不治，抱憾辞世。

云顶山亚高山草甸

　　吕梁山主峰的东边是云顶山，上面是一片亚高山草甸，一马平川。景点"云顶日出"，就在这里观看。

【背景资料】登云顶山

　　登云顶山观日出，凌晨四点就得起床动身。因为去云顶山的山路三十里长，道路崎岖难行，得准备一个半小时的充足时间，当到达云顶山时，是五点半以前，正好是夏日太阳升出地平线的时候，这样，你才可以欣赏到美丽的庞泉奇景"云顶日出"。山上没有饭店，要准备一些野餐的食物。高山风大气温低，要多带一些衣服，最好是穿一件棉大衣。

　　沿神尾沟向东走进云顶山的森林，便是峰回路转的爬山路，山路又弯又陡。不知爬了多少个弯，爬了多高，当你认为该到顶的时候，其实还得转好几个弯，离山顶还很远。二十五个弯之后，走出浓荫蔽日的森林，远处才呈现出一线山顶，在蓝天的衬映下分外显眼，这时才离云顶山真的不远了。

　　登顶极目四周，使人豁然开朗，广袤、开阔的草地映入眼帘。"林中牛行三十里，平头草铺三万顷"，用三万顷来比喻草甸之大，未免有点夸张，但云顶山上，确实是一块不小的草甸。

在云顶山上看日出，是这里的一绝。等待中，黎明泛起，天色由鱼肚白泛出霞光，在不知不觉中，已经发现天际的一个山凹处，出现一个鲜红夺目乒乓球大小的光点，它在上升中逐渐变大，颜色也慢慢变为橘红，最后一轮红日完全离开地平线，冉冉升起。虽是冷风凛冽，却使人留恋忘返，亲感上天赋予人间光明的美好。

云顶山又名赫赫岩山，位于娄烦、交城、方山三县交界处，海拔2708米。因其海拔高、庞泉沟夏季雨水多，此山经常在云雾里，所以得名。山顶海拔高，气温低，风也大，只适宜草和灌丛的生长，偶尔有树也长得十分低矮。

太阳升上来了，山顶变得越来越暖和。天设地造的草甸，构成了云顶山独特的景致，各种各样的矮草，高不过两三寸。草地上开满了野花，金黄的野罂粟、紫红的狼毒花，还有其他有名的、没名的，五颜六色，把草甸点缀得斑斑点点。整个山顶起伏平缓，延绵数里，好像一座特大的高尔夫球场。走在软和平整的草坪上，几乎忘了是爬上山巅，仿佛置身在美丽的内蒙古大草原。

远看连绵不断的群山，层层叠翠的林带和蔚蓝清湛的天空。朵朵白云就像飘浮的棉花，仿佛举手可得，真真切切地感到云就在头顶。草坪的边缘，突起一片一片碧绿的山林。浅绿色的草、深绿色的林，草地上三五成群的白色牦牛，构成了一幅静中有动的田园风光画。

云顶山上有不少石砌的窑洞，这是当年雷达部队的营房，是北空的一个军事基地。部队有一个连部，无论冬夏，一日三班轮岗，据说还曾经抓获过特务，1993年撤走。由于这里海拔高，一年只有春冬两个季节。每年十月初，军车会将过冬的备用物资全部拉上山。整个冬天，战士们的蔬菜主要是土豆、白菜和罐头。部队吃水主要是从十几里山下拉的，有时还靠降雨、融雪的蓄水池。做饭要用高压锅才能熟。战士们在夏季都穿着毛衣，脸都是黑红黑红的，很粗糙，这是山高风大，紫外线强的缘故。

云顶山优美的草甸风光是庞泉沟旅游的精品，这种草甸为亚高山草甸，是高寒草甸的一种类型，主要分布在我国西部高山及青藏高原东部，在秦岭、小五台山和滇西北山地也有存在。高寒草甸在青藏高原上很普遍，称为高山草甸，而在其他高山则分布在较寒冷的山顶，称为亚高山草甸。高寒草甸的生态十分脆弱，植被一经破坏，恢复是很困难的。因此，以保护为前提来发展生态旅游，才是正确的道路。

龙泉飞瀑

（二）大沙沟生态旅游小区

大沙沟是目前庞泉沟主要的旅游线路。在这里可观赏世界珍禽褐马鸡、猕猴等珍稀动物，看富有特色的龙泉飞瀑、三叠瀑布，体会庞泉沟水的灵气，最后到褐马鸡文化走廊。沿途还可以看到摩崖石刻。

【背景资料】大沙沟景区导游

大沙沟位于庞泉沟的中心区域，是目前庞泉沟旅游最为繁华的地带，旅游路线沿大沙沟沟谷3公里长。

通过检票口，走过横跨在文峪河上长26.2米的一座吊桥后，便进入大沙沟景区。首先来到的是宣教广场，广场四周设立庞泉沟保护区的一系列科普宣传牌，通过这些版面，你可以了解到保护区及其生态旅游的基本情况。

很快你可以看到一个长几十米、宽近20米的钢架铁丝网大棚，其中有树、有灌木，与野外环境完全一样，这是褐马鸡人工就地饲养大棚，面积1500平方米。大棚内饲养有五六十只褐马鸡，在庞泉沟旅游，人们肯定想看一眼褐马鸡，但野生的褐马鸡毕竟是珍稀鸟类，一般难以在旅游线路上见到。

过了饲养场，漫步在大沙沟的林荫道上，你可以仔细领略庞泉沟树木的神奇。三棵落叶松并排生长，高大挺拔，好似"顶天三柱"，劝君发奋向上。山坡上一棵孤独高大的树木，形似宝塔，它是一棵树龄百年的落叶松，形成了庞泉沟的奇景"古树宝塔"。

庞泉沟是"鸟的王国，兽的乐园"，一群可爱的猴子会光顾在你的面前，带给游人许多欢笑。林间飞来飞去的鸟儿会给你频添好多情趣。山深林茂庞泉沟里，无数珍禽异兽的故事，会让你产生更多的遐想。

不知不觉中，山谷中洪鸣的水声吸引你前去看个究竟，这时你会发现，在绿树屏障的森林中，一股清莹明澈的小溪，欢快地流过一块巨大的岩石，把岩石冲刷得异常干净。山溪跳跃向前冲向陡崖，从悬石上垂直而下，如飞珠溅玉，在明媚的阳光下，闪闪发亮，这就是黄土高原上难以见到的瀑布——"龙泉飞瀑"。这条瀑布虽然不大，但四季常流。遇到大雨后，瀑布能漫过整个悬石，十分壮观。

从"龙泉飞瀑"向上前行约300米，远远就能听到哗哗的水声，再近是一股溪水在峡谷间左折右拐，垂叠而下，水花四溅，龙飞凤舞，"三叠瀑布"就出现在你的眼前。这条瀑布最奇妙的是在河床中间有一对旋泉，相对旋转，分流而散，忽上忽下，若明若暗，恰似一对旋转的风车。

大沙沟的水是那样晶莹剔透，清澈见底，没有任何污染。盛夏阳光下，每个游人都要用它洁面洗手，它又是那样清爽宜人，使你的心田得到净化。也许你会想到，这水就是地下的矿泉水，但这一点却是错的。那么，你自然要问，"庞泉"究竟是何来意？

其实，庞泉沟地区是坚硬的花岗岩地貌，地下水十分缺乏，很少有泉，更谈不上"庞大的泉水"。庞泉沟之所以沟沟有流水，原来是巨大的森林涵养了雨水的缘故。因而，有人想到，庞泉沟一带茂密的森林就是庞泉沟水的源头，"庞泉"之名也由此而来。这种说法尽管缺少点古老的文化韵味，但庞泉沟的水确实很多，是山山有林，沟沟有水。

大沙沟旅游线路尽头，山环水绕，是一块幽静的小天地。绿色的铁丝围网圈住了一片山林，这是保护区新建的褐马鸡半野生放养区，是为了野化人工饲养的褐马鸡，为放归大自然做准备的。其间有数百米长廊，绿色的钢管构架，拱形透光廊顶，木板步道，是供游人参观的路线。在长廊顶部的横梁上，是一幅幅图文并茂的"褐马鸡故事"牌匾，向游客宣传着保护世界珍禽褐马鸡的意义和价值。这里又被称为"褐马鸡文化走廊"。

【背景资料】摩崖石刻

在大沙沟旅游，摩崖石刻随处可见，会给你留下深刻的印象，其中大部分是省内知名人士、各级领导对庞泉沟的题字。

沟口的一块巨大石岩上，撰刻着四个大字"鹖鸡王国"，下面书有赵雨亭的大名。"鹖"是古籍中褐马鸡的名称，因为有了保护，开展旅游，这个古老的名字才被搬上石崖，为世人所知。

"山青水秀，胜似江南"是原山西省省委书记胡富国同志1995年"五一"节视察庞泉沟所书。省领导王文学书有"庞泉仙境"，郑社奎书有"风云"，原山西省林业厅厅长刘清泉书有"孝文山色翠，庞泉水碧清"，原山西省林业厅厅长杜五安书有"三晋第一沟"……

还有是临摹古人的真迹，宋代大书法家米芾的"且看山"，铭刻在一块显眼的石崖上，今人不识古人迹，什么"旦晋山"、"旦看山"，读法种种。

著名书法家董寿平的"锦秀吕梁"刚劲有力，隐于林中石壁。书法家崔光祖的"邃"，书写独特。刘江的"林海松涛"，创意深远。

毛泽东主席的"江山如此多娇"，周恩来的"风景这边独好"，邓小平的"植树造林，绿化祖国"，江泽民的"全党动员、全国动员、全民动员、植树造林，绿化祖国"。鲁迅的"春兰兮秋菊，长无绝兮亘古"，还有"渊深游鱼乐、树古多禽鸣"的古老篆刻，"其声如磬"的深奥寓意……为庞泉沟秀美的自然风景增加了深厚的人文内涵。

摩崖石刻工程起始于 1994 年，1995 年完工，主要分布在大沙沟，少量在庞泉沟主沟的 320 省道线上，共刻 30 余处。

摩崖石刻

八道沟绝壁

（三）八道沟生态旅游小区

八道沟内卧牛坪有华北地区最好的森林——人们所说的"原始森林"要走两个多小时才能抵达。在八道沟，可体味大森林的感觉，领略山势的壮美，尽情享受"森林浴"。

卧牛坪的"原始森林"

【背景资料】雄险八道沟

"八道沟"从东至西约十里，沟深林密。南面是黑镇子石山，北面是龙泉垴山，两侧山体高峻挺拔，山的相对高度近1000米，多有难以攀援之处，不少地方至今无人涉足，以险和奇著称。

数亿年前，地质史上有一次叫燕山运动的造山运动，抬升起雄伟的吕梁山，吕梁山多由坚硬的花岗岩组成，形成气势雄伟的山体。在吕梁山最高处的庞泉沟八道沟，吕梁山脉高大、雄伟的气势才真正显现出来。当地民谣："八道沟，八道沟，沟内天门山山陡。鸟难飞，獐难走，神仙欲过也发抖"。天门，就是山民对两侧山体间形成的悬崖绝壁狭缝的俗称。

走进八道沟，南面的高山耸立，直插云霄。仰头望去，只见层恋叠嶂，奇峰林立，当地称为天门山。据老乡介绍，山上有三大天门，悬崖绝壁无路可攀。"天门瑞气"是庞泉沟最早、最经典的景点，说的是在天门山的山峦中，偶遇午后雨过天晴，骄阳西照之时，茂密的森林水气蒸腾，气团在森林上空飘荡，云遮雾绕，岚气横生，使本来就幽深险峻的天门山更显得神秘、奇特。古有"紫气东来"寓意吉祥和瑞，把天门山一带的雨后山岗称"天门瑞气"，寓其神秀吉祥。

沿沟底的林荫小道向沟谷深处前行，穿过间杂的林间空隙，可欣赏八道沟的万千风光，看到山的雄姿，不时被奇峰怪石吸引，由衷感叹大自然的鬼斧神工。

翁孙守林：沟口北侧山崖上，伫立着形似老人和少年的两块大型奇石，颇有守山站岗的神态，宛如守护森林之神。

赤壁崖：北侧，有一道长约数百米，高约数十米的垂直峭壁，阳光之下，岩壁略呈褐红色，峭壁之上，松、杉列队挺立，仿佛是严阵以待的将士，令人想起三国赤壁鏖战时的枪林箭雨。

豹头石：卧牛坪南侧悬崖之上，有一巨石突出，形似金钱豹之头，虎视耽耽，望而生畏，此石甚险，可望不可及。

一线天：在豹头石侧面，有一天然岩缝，由下仰望，仅可看到一线蓝天，人多不敢进去试探。

最能体现出八道沟雄险奇特的是城墙崖，位于八道沟的沟掌，是一处如刀劈一般的绝壁，像一道天然城墙，坚不可摧。城墙崖上，大自然的造化更令人感叹。

在城墙崖南端，一巨石立于峭壁边缘，接地处却很小，望之甚恐倾倒。狂风起时，巨石侧方和后面的树木摇晃，乍看误以为是巨石晃动，游人形象地叫它"风动石"。城墙崖近侧，有一片倾斜石壁，坡陡石滑，片土不存，但在岩石缝隙中，却生长着翠绿的云杉，看到此景，无人不为云杉顽强的生命力而肃然起敬，这便是后来庞泉沟有名的奇景"石壁垂青"。

八道沟风光的美丽，正体现在这些绿色的树与高峻的山之间。

【背景资料】说说原始森林

不知从哪一年起，庞泉沟八道沟里，传出有一片"原始森林"。于是，人们一传十、十传百，"原始森林"居然成了八道沟旅游的品牌，吸引每一名远来的游客去看个究竟。

经过两个多小时的野径跋涉，穿行在八道沟茂密的林海，在林荫小道将尽之处，步上一道缓坡，你的眼前豁然一新，一大片郁郁葱葱的华北落叶松林出现了，这便是素有"原始森林"之称的卧牛坪。

卧牛坪的华北落叶松非常茂密整齐，树干笔直，树冠高耸，直插云天，侧枝紧密交叉，遮天蔽日。与人们想想中的原始森林不一样，这里没有古木参天，老藤缠树，杂木丛生。相反，高大的树下，没有杂乱的灌木，只有绿茸茸的莎草铺地，清净柔软，就像一块巨大的地毯。卧牛坪的森林是华北地区最好的，林木蓄积每公顷平均达750立方米。庞泉沟是"华北落叶松的故乡"，而卧牛坪就是这个"故乡"中的精华。

科学研究表明，森林的形成是一个植物群落由低等到高等的演替过程。一块岩石寸草不生，先是低等植物的地衣作为先锋"登陆"，附着在岩石上并对其进行分解，其后苔藓进一步积累土壤，供草和灌木生长。当形成一定的腐殖土后，喜欢阳光的阳性树种，像白桦、山杨等便落户其上，在岩缝中扎根生长，而后落叶松的幼苗会在腐殖质丰富的土壤中萌生，当落叶松林形成一定的隐蔽条件后，喜阴的云杉幼苗才会长出。随着森林的老化，枯树倒木增多，森林火灾变得容易发生，火烧可以造成大面积的裸地，演替又从裸露的地面重新开始，这个过程需要成百上千年。

科学意义上的原始森林，是在自然状态下未经外界人为因素严重干扰的森林。原始森林里一般人迹罕至，更不用说有人类生产活动，而且，地下腐土层一般能找到火烧的痕迹。

"卧牛坪"的森林，确切地从自然演替来说，不应该叫原始森林，只是天然次生林，是经过次生演替更新恢复的天然森林，因为在演替过程中受人为因素的强烈干扰，森林的原始环境已经发生了很大变化。

在旅游的路边，你可看到一个废弃的碾盘，显然，是先人们生活的痕迹。据当地山民介绍，旧中国，八道沟里是张财主的林子，张财主就住在另一条小沟里，他家财万贯。传说，他和平川的一个富商比富，富商说他的银子多，张财主说他的树多，也是钱，最后比到用一棵树上挂一块银元，平川的富商认输了。还说，张财主还将他的四大瓮金银藏于八道沟中，至今无人寻得。这些虽然是传说，但足以说明"卧牛坪"的森林并非科学意义上的"原始森林"。

八道沟的森林不是真正的原始森林，明白了这些科学道理后，不免有点失望。但庞泉沟的森林是地地道道的天然林，它和人工林是不同的。

庞泉沟的森林是年轻而健康的。树木生长高大，枝繁叶茂，层层交错，有效遮挡了阳光的曝晒；林内潮湿，温度较低，风力微弱，水分蒸发缓慢；林下枯枝落叶和腐殖土富含水分，不易燃烧，有效地防止了林火的发生。林中到处都有布满苔藓、真菌的倒木，在腐烂的过程中能吸足水分；林内小溪的存在，更使森林犹如浸满水的海绵，是林下微小动植物成长的温床。正是有了这样的天然环境，大量野生动植物才有了生存的土壤，得以繁衍生息。

天然林是地球亿万年进化的杰作，它具有巧妙的机制，不仅可以防止自然干扰对其产生的毁灭性破坏，而且当干扰产生后，具有很强的自我修复、自我还原的功能，这一切恰恰是人工林所缺乏的。事实上，在排除人为干扰的情况下，大自然本身具有恢复顶极群落的能力，特别是在水土和气候条件好的地区，自然恢复的能力既快且强。

现在，全世界，特别是我国所剩无几的原始森林多已破碎化，呈岛状分布。换言之，今日的"原始森林"已经不完全"原始"了，"天然林"也不完全"天然"了，其人为干扰强度在不同程度地增加，而森林的健康状况也在不同程度地降低。在庞泉沟的八道沟内，能有这样一片受保护的森林，难怪被人们称为"原始森林"啊！

笔架山

（四）笔架山生态旅游小区

沙盘上山顶三峰并立的小山就是有名的笔架山，山上建有一个小庙，留传着"九龙圣母"的传说。

【背景资料】笔架山传奇

从分水岭沿320公路西下方山县，走到沟谷，一座小山拔地而起，山顶并立三个山峰，十分陡峭，与周边平缓的山峦截然不同，两凹三凸，方山县村民称它为三座崖山。三座崖山形如古代放笔的笔架，如今，交城人都称它"笔架山"。

笔架山的神奇不只是山形，更是在中峰山上文革前就存有一个小庙，供奉着当地的一位"土神仙"——九龙圣母。九龙圣母是庞泉沟一带一个古老的民间传说：据保护区10里的庞泉沟镇阳坡村，曾有一位美丽的少女，一天到河边洗衣服时，吃了漂来的一个鲜桃后，怀孕了，她的父亲非常生气，将她赶出家门。后来，她的兄嫂在笔架山找到她时，看到妹妹已经生下九条龙，并已坐化成仙。庞泉沟内的许多地名与龙有关，如龙泉垴、龙泉凹……。

至今，当地每逢春旱不雨时，人们就到笔架山的九龙圣母庙（当地又叫作"三山庙"）祈雨，据说，每求必应，十分灵验。笔架山海拔高仅有 2000 米，正应了"山不在高，有仙则名"。

2012 年，笔者去湖北神农架自然保护区学习，偶然在古老的神农架大山里听到《黑暗传》的故事，这部民间丧葬传唱的歌谣，1984 年由神农架林区文化干部胡崇峻发现，被称为汉族首部创世史诗，受到学术界的高度重视。《黑暗传》生动形象地描述了宇宙形成、人类起源的历程，融汇了混沌、浪荡子、盘古、女娲、伏羲、炎帝神农氏、黄帝轩辕氏等许多历史神话人物事件，并且与我国现存史书记载的有关内容不尽相同。

有趣的是，按《黑暗传》记载，"笔架山"居然是人祖之山："未分天地有一山，它为众山之根源。山川社稷从此起，天地阴阳万事全……山有山峰并两凹，远看如似笔架山。此山名为玄黄山，高大宽广为祖山。内隐胎息并神育，变化无穷万象全。一胎育山山育气，有胎有气是话山。一支山脉左边去，结成一座青龙山。又生一脉左边去，长成一座昆仑山……玄黄山如笔架形，生在西域圣地境，又无生物和人烟。昆仑一脉到塞外，东土东胜名神州……"

神农架《黑暗传》的这些记载是否与庞泉沟的笔架山有关，还有待考证。联合国教科文组织提倡保护文化多样性，自然保护区这些受外界干扰小的地区，往往容易保留下祖先最原始的东西。我国作为一个世界文明古国，如何更好地对待和保护民俗文化遗产问题，对自然保护区来说，也是一个新课题。

第二篇 国宝褐马鸡

一、褐马鸡名称与分类地位

导语

一层大厅北侧是四块褐马鸡知识介绍版面，用图文并茂的形式，系统展示出褐马鸡的形态特征、分类地位、保护价值和现状。

褐马鸡是庞泉沟保护区的主要保护对象。它名字中的"褐"源于它身体的颜色是褐色，"马"是它独特的尾羽披散下垂，像马的尾巴。当地俗名叫"角鸡"，是因为它有一双竖起的耳羽，英文名字也叫"褐耳鸡"。褐马鸡的雌雄很像，唯一区分是雄鸟腿后面长有突出的"距"，而雌鸟没有。

褐马鸡属鸡形目雉科鸟类，褐马鸡的分类地位图，告诉我们这种鸟类在动物界里的地位。生物的名字以拉丁学名为准，它是一种固定语言，不会变化，所以给生物起的名字也不会产生重复。

褐马鸡及其分类地位

【背景资料】生物的分类

我国古人崇尚人与自然的统一，又把人独立于天地之间，对于与他们生活最为密切的动物，在很早以前，就注意识别和分类了。汉初的《尔雅》把动物分为虫、鱼、鸟、兽4类：虫包括大部分无脊椎动物；鱼包括鱼类、两栖类、爬行类等低等脊椎动物，以及鲸、虾、蟹和贝类等；鸟是鸟类；兽是哺乳动物，四类名称的产生时期不晚于西周。

欧洲文艺复兴后，西方科学技术得到了飞速的发展。18世纪，瑞典植物学者林奈，为生物分类学解决了两个关键问题：第一是建立了双名制，即规定每一个物种的学名由两个拉丁文组成，第一个为属名，第二个为种名；第二是确立了阶元系统，即把自然界分为植物、动物和矿物三界，在动植物界下，又设有纲、目、属、种四个级别。这些学术成果，标志着近代生物分类学的诞生。

许多科学理论诞生后，起初并不为人所重视，诸如哥白尼的《太阳中心说》。林奈的分类学观点当初也一样没被重视，因为当时的人们已习惯了"上帝为我们创造好了一切"。直到1859年，著名的《物种起源》问世，在这部书中，达尔文首次提出了进化论的观点，他使用自己在环球科学考察中积累的资料，试图证明物种间普遍存在着亲缘关系，并且通过自然选择不断进化。进化论的思想是19世纪最伟大的科学发现之一，之后才逐渐明确了分类研究的目的在于探索生物之间的亲缘关系。

现代生物分类使用的仍然是林奈发明的阶元系统，但已有很大的变化。分类的对象是形形色色的生物种类，都是进化的产物，都存在着亲缘关系；分类学在于阐明种类之间的历史渊源，使分类系统能够客观地反映生物进化的历史。因而从理论意义上说，分类学是生物进化的历史总结。分类系统也是生物种类的查找系统，可借以认识和查取每种生物的有关信息，通常包括七个主要级别：界、门、纲、目、科、属、种。在这个系统里，如果以我们人类为例，人的分类地位是：动物界脊索动物门哺乳纲灵长目人科人属人种。全世界的人又可分为4个不同的亚种。

种，也就是物种，是生物分类的最基本单元和研究核心。一般认为，同一物种间可以交配并且繁衍后代，但与其他物种一般不交配或交配后产生的后代不能再繁衍。也就是说，不同生物物种间最大的特征就是在生殖上是相互隔离的。比如说，为人熟知的家畜驴和马属于两个物种，虽然可以交配，并且产生后代叫骡子，但骡子却不能再繁衍后代了。

很长的一段时间里，界是生物分类中最高的类别。一开始人们只分为动物和植物两个界。微生物被发现后，它们长时间在被分入动物或是植物界之间徘徊，后来细菌被独立为一界，再后来真菌被分出植物界，也成为独立的一界，最后自立为界的是古细菌。最新的基因研究发现，这种分类并不十分正确。因此人们引入了"域"作为生物分类的最高类别，现有的生物可被分入真核生物或原核生物两个不同的域。

没有细胞核的生物（细菌和古细菌）被分入原核生物。一般认为，原核生物是地球上最早出现的生命，与现存的古细菌相似。原核生物化石已经在很古老的岩石里发现了。也曾有人说，在一块来自火星的岩石里也发现了原核生物的化石，但是不很可信。

只有在真核生物中还有界的分法，它包括四个界：原生生物界、真菌界、植物界和动物界。真核生物的一个共同特点是：它们的细胞可以用同一段染色体制造不同的蛋白质。

从古老的形态学到分子生物学的新成就，现代生物分类学已发展成为一门新兴的综合性学科，生物分类正发生着前所未有的更新。携带遗传信息的染色体正被人类飞速地解密，生物克隆技术的成熟、基因测序技术的普及……科学家曾经预言，21世纪将是人类生物学的世纪。我们与大自然的关系也逐渐被科学事实所澄清，一部被称为21世纪伟大发现的著作——《人是外星人的后代》，假说了外星人使用先进的生物技术，利用地球上的古代生物，"按照上帝的形象"，创造了地球人类……引起学术界的反响。回到我们祖先最古老的"天人合一"命题，伴随着现代科学技术的发展，生物的分类又将会留给我们怎样的思考呢？

二、褐马鸡的文化渊源

导语

　　褐马鸡是我国特有的鸟类，它很古就走进帝王将相的世界，褐马鸡知识版面中的"褐马鸡古考与文化"，简要地介绍了这种鸟类古老的文化渊源。

褐马鸡

　　褐马鸡是我国的特有鸟类。我国古籍中对它的记载很多，称为"鹖"和"鹖鸡"，并称赞它的习性是英勇善斗。

　　炎帝与黄帝在阪泉大战中，就有用猛禽与褐马鸡做旗帜的记载。古代帝王从战国的赵武灵王时期起，用褐马鸡的尾羽做成"鹖冠"，奖给武士。汉武帝时，"鹖冠"正式被定为武冠。

　　直到清代，官帽实行"顶戴花翎"，花翎中的蓝翎又称为"染蓝翎"，是用染成蓝色的褐马鸡羽毛做成的，多赐予六品以下的皇家侍卫。

现代科学研究表明，褐马鸡有很强的领域行为，对来犯之敌英勇还击，斗死不怯，直到最后胜利。

【背景资料】褐马鸡古文化探究

文化是由人类所创造，为人类所特有的产物，创新性和传承性是其主要特征。在文化大发展、大繁荣的今天，在互联网等现代媒体上，褐马鸡的知名度日渐提升，但不少说法还不够准确，国人对之了解也相对较少。对其文化领域的问题加以系统地探讨和总结，对于更好地促进珍禽的保护，提高国民的保护意识，具有重要的现实意义。

1. 古老的渊源

褐马鸡生存的华北及黄土高原地区是华夏文明的发祥地，众多的历史资料表明，褐马鸡的生存也一直伴随着古老的华夏文明。北京周口店北京人遗址是世界上迄今为止人类化石材料最丰富、最生动的遗址，而在其新生带地层中，就有距今约6000万年的褐马鸡化石。

古籍中多称褐马鸡为"鷩"。较早的记述要追溯到先秦时期的《山海经》，在其《中山经·中次二经》中记有："注山之首，曰辉诸之山，其上多桑，其兽多闾麋，其鸟多鷩。"这一记述告诉后人：在"注山"起首的"辉诸山"上，生长着茂盛的"桑"林，其间大型动物主要有"闾麋"，而鸟类主要是褐马鸡。

在开启中华文明史、实现中华民族第一次大统一的炎帝与黄帝的阪泉之战中（约公元前26世纪），"帅熊、罴、狼、豹、貙、虎为前驱，雕、鷩、鹰、鸢为旗帜，此则以力使禽兽者也"（《列子·黄帝》）。按此说法，古人很早就认识到"熊、罴、狼、豹、貙、虎"这些猛兽，同时用"雕、鷩、鹰、鸢"这些鸟类作为战旗来显示威风，在这四种鸟类中，"雕、鹰、鸢"都是勇猛的大型食肉猛禽，而褐马鸡也应该属于同猛禽一样勇敢的鸟类。

1995 年，在山西省吉县发现了伏羲岩画，画像伏羲头上所饰之三根翎羽，即应是最原始的皇冠，分析为褐马鸡尾羽，此发现把褐马鸡的文化历史推向更为古老的华夏人祖时代。

2. 英勇善斗的人文习性

我国历代大量的古籍对褐马鸡作了"勇健，斗死乃止"的记载，这一说法普遍能够得到证实。我国古代的鸟类学专著《禽经》中对褐马鸡做了系统的描述："鹖，毅鸟也。毅不知死。状类鸡，首有冠，性敢于斗，死犹不置，是不知死也"。这里称褐马鸡为"毅鸟"，"毅"应该是"果决，志向坚定而不动摇"的意思。其特点是：刚毅不知死。它形态像鸡，头上长有冠羽，习性敢于打斗，打斗起来不怕死，置生死于度外。

三国时期著名的曹魏诗人、文学家，建安文学的代表人物——曹植曾做《鹖赋》：

鹖之为禽猛气，其斗终无胜负，期于必死，遂赋之焉。

美遐圻之伟鸟，生太行之岩阻。

体贞刚之烈性，亮金德之所辅。

戴毛角之双立，扬玄黄之劲羽。

其沉隐而重辱，有节侠之仪矩。

降居檀泽，高处保岑。游不同岭，栖必异林。

若有翻雄骇逝，孤雌惊翔，则长鸣挑敌，鼓翼专场。

逾高越壑，双戟只僵，阶侍斯珥，俯耀文墀；

成武官之首饰，增庭燎之高晖。

曹植作为帝王之子，他能以优美的文辞对褐马鸡的习性作赞誉，可见褐马鸡在当时应该是一种十分普遍和重要的鸟类。在这首赋里，他称褐马鸡为"伟鸟"，有坚贞不屈的性格，如同"侠士"一样，最后成就了它的羽毛做成"武官之首饰"的殊荣。同时对褐马鸡的"生太行"、"居檀泽"、"栖必异林"等习性作了生动和准确的描述。

明朝李时珍在《本草纲目》禽部四十八卷中提到："鹖状类雉而大，黄黑色，首有毛角如冠。性爱俦党，有被侵者，直往赴斗，虽死犹不置。"李时珍作为一名科学工作者，对褐马鸡的描述无疑是科学和严谨的。他描述褐马鸡是像雉鸡一样的大型鸟类，身体黄黑色，头上长有角状羽冠。习性爱集群，有异类入侵，英勇地去打斗和驱逐，直到斗死都不畏惧。

现代生物学工作者对褐马鸡的习性做了大量的科学研究，表明褐马鸡有很强的"领域行为"，对入侵领域的个体，英勇地进行啄斗，驱逐来犯者，直到最终胜利。2008年6月6日，在庞泉沟保护区笼养褐马鸡大棚内，一只外来的野生褐马鸡被啄得全身不留一毛死去。

　　3. 关于鹖冠

当代文化媒体一般都会谈到褐马鸡的"英勇善斗"，把褐马鸡称作"勇士"，多从战国赵武灵王时期以褐马鸡的尾羽做成"鹖冠"奖给武士的故事说起。这大概主要源于春秋时期成书的《左传》中"鹖冠武士戴之，象其勇也"，以及《续后汉书·舆服志》中"虎贲武骑皆鹖者，勇雉也，其斗死乃止，故赵武灵王以表武焉"中对"鹖冠"的文献记载。

到了汉代，"鹖冠"已正式定为武冠，这一记载在《后汉书·舆服志下》中能找到答案，其中对当时这种"鹖冠"的形态做了详细的描述："武冠，俗谓之大冠，环缨无蕤，以青系为绲，加双鹖尾，竖左右，为鹖冠云。五官、左右虎贲、羽林、五中郎将、羽林左右监皆冠鹖冠，纱縠单衣。"

晋代《晋书·舆服志》中仍有"鹖之为鸟，同属相为，畴类被侵，虽死不避，毛饰武士，兼历以义"的记载。

唐·柳宗元（773～819年，唐代河东郡，今山西永济人，著名文学家、思想家，唐宋八大家之一）在《送邠宁独孤书记赴辟命序》中写道："沉断壮勇，专志武力，出麾下，取主公之节钺而代之位，鹖冠者仰而荣之。"

清·钱谦益（1582～1664年，称虞山先生。清初诗坛的盟主之一。江苏常熟人。明末东林党的领袖之一，官至礼部尚书。后降清，仍为礼部侍郎）。在《中秋日得凤督马公书来报剿寇师期喜而有作》有："鹖冠将军来打门，尺书远自中都至"的诗句。由此可见，"鹖冠"作为武冠，一直在古代文化中得以传承。

到清代官员实行"顶戴花翎"区分品级，官帽的花翎有花翎和蓝翎之分。其中，花翎为孔雀羽所做。蓝翎又称为"染蓝翎"，以染成蓝色的鹖鸟羽毛所作，无眼。赐予六品以下、在皇宫和王府当差的侍卫官员享戴，也可以赏赐建有军功的低级军官。

而关于"鹖冠"的另一个重要文化传承，是先秦道家及兵家著作《鹖冠子》一书传世。《汉书·艺文志》记载该书的作者为"楚人"，"居深山，以鹖为冠"，东汉·应劭《风俗通义》佚文说"鹖冠氏，楚贤人，以鹖为冠，因氏焉，鹖冠子著书"，与《汉书》相合。鹖冠子其人的生平说明：这位楚国的文人志士，生前一定以褐马鸡羽毛做成的"鹖冠"为耀。而后人也因此将"鹖冠"视为"隐士之冠"，这些在唐·杜甫《小寒食舟中作》"佳辰强饮食犹寒，隐几萧条戴鹖冠"和清·王端履《重论文斋笔录》卷五"浑忘憔悴无颜色，翻笑他人戴鹖冠"的诗句中隐约能领略到"隐士"的韵味。

4. 有关古代名称与分布问题的解释

历代大量的古籍对褐马鸡的形态、名称、分类、产地等有"状类鸡，首有冠"、"青凤谓之鹖，赤凤谓之鶉"（《禽经》），"鹖，鹖鸟也。似雉，出上党"（《说文》）等相对一致的说法。此外，古籍对褐马鸡尚有"鹖鸡"、"鹤鸡"、"耳雉"、"角鸡"、"山鹅"等不同叫法，这些无疑是比较科学和准确的，而"青凤"按现在分类学观点，似以雉科鸟类的统称为宜。李时珍在《本草纲目》中提到的"介鸟似鹖而青，出羌中"，按此推测，"鹖"不应该是褐马鸡，而应该是目前分布于甘肃、青海地区的褐马鸡近亲蓝马鸡。而个别人士将古籍中的"鹖旦"（鸟名，即寒号虫）混为"鹖"，从专业角度看，显然是不正确的。

关于远古时代"多鹖"的"煇诸之山"，经考证，即为今河南省卢氏县、嵩县一带。褐马鸡古代盛产地的"上党"即为今人熟知的山西省东南部。而炎黄大战的"阪泉之野"则有：①今山西省阳曲县东北，相传旧名汉山鹖；②今河北省涿鹿县东南；③今山西省运城县南三种不同说法。

褐马鸡不仅为古籍所广泛记载，迄今在民间也有流传。建在黑茶山背上的"褐鸡大王庙"碑文记载："神是陇西延安人，性纯孝。其母善食山雉，惟喜食此山之雉。相距千余里而每日朝来暮归，带禽以供母食。如此不知几载，后被牧人劫破，遂坐化此山。"

由此可见，褐马鸡在我国劳动人民心目中，自古就是一种高贵、吉祥的动物。

三、褐马鸡的保护价值和保护现状

导语

褐马鸡是全世界分布区最为狭窄的鸟类，国际濒危物种，我国的"国宝"。中国马鸡分布图直观展示马鸡是中国的珍贵动物资源。

中国马鸡分布图

全世界共有四种"马鸡"，都产于我国。它们分别是分布于西藏和云南地区的藏马鸡和白马鸡，分布于甘肃、四川交界的蓝马鸡，以及分布于华北、黄土高原地区的褐马鸡。马鸡为我国特有，都是国家重点保护动物，以褐马鸡最为珍贵，为国家一级重点保护动物，其他三种马鸡为国家二级保护动物。

历史上的褐马鸡曾广泛分布于北起北京燕山，南至河南豫西山地的广阔地区。现仅分布于山西省吕梁山脉、河北小五台山及北京西部、陕西黄龙山这3块狭小地区。褐马鸡分布区狭窄，数量稀少，因而被国际上定为"濒危"物种，就是濒临灭绝的物种。

在目前我国选拔"国鸟"的行动中，褐马鸡的呼吁很高，但人们对它的了解还较少。它有英勇善斗的习性，与古老的华夏文明紧密相连，是我国特有的珍禽，拥有很高的保护价值。

【背景资料】【我国十大濒危动物】

濒危动物是指所有由于物种自身的原因或受到人类活动或自然灾害的影响，而有灭绝危险的野生动物物种。从广义上讲，濒危动物泛指珍贵、濒危或稀有的野生动物。从野生动物管理学角度讲，濒危动物是指《濒危野生动植物种国际贸易公约》附录所列动物，以及国家和地方重点保护的野生动物。我国十大濒危动物为：

1. 古朴国宝：大熊猫

大熊猫是一种以食竹为主的食肉目动物，不仅集珍稀、濒危、特产于一身，而且非常古老，有"活化石"之称。与其同时代的古动物剑齿虎、猛犸象、巨貘等均已因冰川的侵袭而灭绝，惟有大熊猫因隐退山谷而遗存下来。现仅分布于中国四川、陕西、甘肃约40个县境内群山叠翠的竹林中，过着与世无争的隐居生活。

2. 仰鼻蓝面：金丝猴

中国金丝猴包括川金丝猴、滇金丝猴、黔金丝猴三种，大家比较熟悉的当属川金丝猴。川金丝猴，分布于四川、陕西、湖北及甘肃，深居山林，结群生活。背覆金丝"披风"，攀树跳跃、腾挪如飞。金丝猴刚被命名时，因其仰鼻金发，使动物学家爱德华先生联想起欧洲十字军司令翘鼻金发的夫人洛克安娜，于是，他便用这个美人之名"洛克安娜"命名了金丝猴——*Rhinpitheius roxellanae*。

3. 长江奇兽：白鳍豚

白鳍豚为我国长江中下游的特有水兽。全球豚类有70多种，淡水豚仅5种，我国仅此1种，分布狭窄，比大熊猫更古老、更稀少。白鳍豚体态娇美、皮肤滑腻、长吻似剑、身呈纺锤。眼小如豆、耳小像针，上下颌密布小牙130多颗，头顶左上方有一圆形鼻孔，每隔20秒出水换一次气。虽然视听能力欠佳，但其声纳系统发达，对超声波的回声定位能力特强，可与十几公里外的同伴取得联系。

4. 中华之魂：华南虎

华南虎的英文为"中国虎"，是我国特有的亚种，体型较小。原为中国分布最广、数量最多、资格最老的一个虎种。全球的虎均为一个种，均产于亚洲，20世纪尚有8个亚种：孟加拉虎、东北虎、爪哇虎、华南虎、里海虎、巴厘虎、苏门达腊虎，但后3个亚种相继灭绝，中国的新疆虎（尚未搞清属于哪个亚种）是在20世纪初灭绝的。

5. 东方之珠：朱鹮

要问中国最珍稀的鸟是什么？那么朱鹮应当名列前茅。这种被动物学家誉为"东方明珠"的美丽涉禽，人们在一度时间认为它已经灭绝。朱鹮原是东亚地区的特产鸟类，仅在中国、朝鲜、日本及俄罗斯有分布，但20世纪60年代后都失去了踪影。难道朱鹮真的消失了吗？70年代后期，中国鸟类学家开始寻找朱鹮，1981年终于在陕西洋县姚家沟发现2窝共7只朱鹮，轰动了世界。

6. 堪称国鸟：褐马鸡

前文对褐马鸡的分布、形态、保护价值等做了详述，这里不再重复。值得强调的是：许多动物学家建议，应把褐马鸡定为中国国鸟。

7. 孑遗物种：扬子鳄

扬子鳄是中国唯一的鳄种。全球鳄鱼共有25种，中国只有湾鳄和扬子鳄。但是作为体型最大的鳄（10 米长），湾鳄早已在几百年前灭绝了，而扬子鳄现为我国特有，也是远古北方仅存的、唯一分布在温带的孑遗种类。

8. 高原神鸟：黑颈鹤

黑颈鹤是世界上唯一的高原鹤类，是藏族人民心目中神圣的大鸟，也是世界上 15 种鹤中被最晚记录到的一种，它是俄国探险家普热尔瓦尔斯基于 1876 年在中国青海湖发现的。黑颈鹤夏季在西藏繁殖，冬季迁至云贵越冬，少数还飞越喜马拉雅山至不丹越冬。

9. 雪域喋血：藏羚羊

藏羚羊，近年极受世人瞩目，主要原因是由于 1980 年以来西方时装界对"藏羚绒披肩"，即"沙图什"的消费需求，进而刺激了盗猎者为了利润而大规模盗猎藏羚羊。另外，一些采金者也对其肆意杀戮，致使生活在生命极限的高寒地区的藏羚羊正以一年近万只的速度减少。为打击盗猎，近几年青海、新疆、西藏的反盗猎力量——林业公安一直在为保卫藏羚羊等野生动物而战斗，其中的佼佼者即"野牦牛队"，他们已经有两位英雄为此献身。

10. 失而复得：四不象

"四不象"为麋鹿的俗名，它是中国特有的湿地鹿类，曾于 1900 年在中国本土灭绝。幸有少量存于欧洲，经过一个世纪的养护，种群才得以恢复。麋鹿是湿地动物，由于对湿地生境的适应，而形成特殊的形态：角似鹿非鹿、脸似马非马、蹄似牛非牛、尾似驴非驴，即所谓的"四不象"。

在世界动物保护组织的协调下，英国政府决定无偿向中国提供种群，使麋鹿回归家乡。1985 年后，陆续在江苏省大丰市原麋鹿产地放养，并成立自然保护区。回归后的麋鹿繁殖相当快，目前世界繁殖麋鹿总数已经达 4000 头，但仍然是一个濒危物种。

【背景资料】褐马鸡生态保护现状

褐马鸡是一种典型的森林鸟类，由于人类对森林的破坏、过度捕猎等原因，其分布区已从古代华北——黄土高原约180万平方公里的广袤地区，紧缩至目前3个孤岛状的分布区，即以山西吕梁山脉为核心，分布面积和范围最大，河北小五台山、北京东灵山和陕西的黄龙山地区有小范围分布。总体分布范围非常狭窄，面积约1.36万平方公里。历史上曾经盛产"鹖"的"上党"（今山西省东南部），以及远古"多鹖"的"辉诸之山"等地（今河南省中西部），目前已无褐马鸡的分布了。

褐马鸡的拉丁学名——*Crossoptilon mantchuricum*，是一名英国传教士起的，他名叫罗伯特·斯温霍（Robert Swinhoe），曾是火烧圆明园的见证者。1863年，他在天津市场上买的褐马鸡标本，给这种鸟起了现代意义上的生物学名字，意思是"中国满洲的马鸡"。事实上，在中国东北，无论是古代还是现代，并没有褐马鸡的分布。

褐马鸡同时也是我国特有的4种马鸡中最为珍贵的一种，被定为国家一级重点保护动物。它在国际上备受动物保护组织的关注，世界雉类协会的会徽图案上就有褐马鸡的形象。《国际濒危野生动植物贸易公约》也将褐马鸡列为物种保护受威胁最高等级——濒危级。

为了抢救我国的珍稀物种，1979年，国务院颁布《森林法（试行）》，明确提出划定自然保护区的要求。随后，林业部会同中科院、农委等单位联合下文，对划定自然保护区作出明确规定。1980年，经山西省人民政府批准，在吕梁山脉的中部与北部建立了庞泉沟和芦芽山两个自然保护区，揭开我国保护褐马鸡的序幕。之后，我国政府相继在褐马鸡的不同分布区，抢救性地建立了一批国家级和省级褐马鸡自然保护区。

1984年，山西省人民政府将褐马鸡定为"省鸟"。1989年2月21日，我国发行《褐马鸡》特种邮票，全套2枚，图案为"英姿"和"双栖"，面值为8分和50分。1998年10月23日，我国政府发行褐马鸡纪念币，面值为5元，褐马鸡也是我国发行的10种珍稀动物纪念币之一。

2000年2月25日，我国发行《国家重点保护野生动物(1级)》特种邮票，褐马鸡再次入选，图案为站在草丛中张开尾羽的一只褐马鸡，面值1元。

1986年，北京农业电影制片厂在山西庞泉沟国家级自然保护区拍摄科普电影《褐马鸡》。之后，褐马鸡专题电视片《勇士归来》、《褐马鸡纪事之拯救》、《褐马鸡纪事之野放》、《褐马鸡历险记》等分别被央视一、七、十套在《科技苑》、《百科探秘》、《讲述》等栏目播出。褐马鸡题材的国画、剪纸等艺术品，也在民间绽放出传统艺术的光辉。

通过30多年的有效保护，我国褐马鸡的数量已有大幅度回升。以庞泉沟保护区为例，种群数量从建区时的500余只，增加到目前的2000只左右。在不同种群分布区，褐马鸡的向外扩散现象明显，据有关资料报道，在山西省东南部的太岳山林区，近年也发现了野生褐马鸡，这些褐马鸡应该是从吕梁山脉分布区扩散的结果。

目前，我国开始选定"国鸟"的行动。关于国鸟选拔，有人认为应选有"松鹤延年"文化底蕴的丹顶鹤，但它不是我国特有，日本等国也有；有人认为应选数量稀少，有"东方之珠"之称的朱鹮，但它的学名 *Nipponia nippon*，是"日本国"的意思。有人认为应选孔雀，它羽毛艳丽，在我国文化中广为流传，然而它已被印度确定为"国鸟"。有人认为应选喜鹊，它为我国人所共知，是吉祥的象征，但它不够珍稀。有人认为应选凤凰，它是"鸟中之王"，然而它毕竟是我国传说中的神鸟。有人认为应选锦鸡，它美丽迷人，然国人对"鸡"有所忌讳。褐马鸡当然也被定为候选对象，它是分布于我国北方的鸟类，对于大多数南方人来说，对它还一无所知，尽管如此，国人对它的呼吁还是很高。

今天的保护使我们进一步知道，褐马鸡因其英勇善斗的习性，很早就走进华夏文明，是中华勇士的象征。它是我国特有的珍稀鸟类，拥有很高的保护价值，在全面建设生态文明的社会主义国家，弘扬伟大中华民族精神的今天，褐马鸡如能入选为我国的"国鸟"，庞泉沟保护区当为之骄傲。

四、褐马鸡生态造景展厅

导语

　　庞泉沟茂密的森林里，一对褐马鸡正在产卵孵化。林中草地上，褐马鸡带着它的小鸡活动……

褐马鸡生态图（国画，庞泉沟保护区收藏）

　　褐马鸡生态展厅模仿褐马鸡野外生存环境布置，反映出它的生活习性及生存环境。

　　褐马鸡在庞泉沟主要生存在华北落叶松和云杉天然林内。它是地面营巢的鸟类，巢多筑在树木的基部，隐蔽与挡雨是其巢址选择的主要因素。雌鸟产卵孵化，雄鸟守候在巢区。它的天敌很多，主要是大嘴乌鸦，在褐马鸡孵化期偷吃褐马鸡的卵。

小鸡出雏后和父母一起在林间活动。一只小型食肉动物豹猫藏在灌木丛后，随时准备袭击褐马鸡。青鼬等多种猛兽、猛禽也是它的天敌。雉鸡是和它有食物竞争的一个亲缘物种。

【背景资料】褐马鸡的种间关系

不同种类的动物之间，会有不同的相生与相克的有趣关系，按现代生态学的说法，主要包括捕食、竞争、寄生等现象，这些就是所谓的动物种间关系。对褐马鸡而言，也是一样的。

1. 捕食

捕食是一种生物以另一种生物为食的种间关系。动物通过捕食其他生物，可以获得自身生长和繁殖所需要的物质和能量。在通常情况下，捕食者为大个体，被捕食者为小个体，以大食小。捕食的结果，一方面能直接影响被捕食者的种群数量，另一方面，因捕食过度，也会影响到捕食者本身的种群变化，因而，两者关系十分复杂。

褐马鸡的捕食关系涉及植物和昆虫，食物包括150多种植物的根、茎、叶，花和果实，其中相当一部分是中草药。春天到来，蒲公英的嫩叶早早长出，褐马鸡们最喜欢这些早春的绿色。盛夏的繁殖季节，褐马鸡也食一些昆虫，其中红蚂蚁是很主要的一种。庞泉沟的森林里，到处会有像土丘一样堆起的红蚂蚁窝，经过母鸡一啄，成千上万白白嫩嫩的红蚂蚁卵散乱一片，是小褐马鸡们再好不过的美餐。金秋来到，很多林木结出浆果，比如说庞泉沟最多的沙棘果，整个秋天，是褐马鸡的主要口粮。有些人说，褐马鸡的肉有点酸，可能就是吃了沙棘果的缘故。冬天冰雪覆盖，食物缺乏，向阳山坡处的森林边，很多种野草的根，都成了褐马鸡熬过困难时期的食物，褐马鸡会用坚硬的嘴，把林下的草地啄得坑坑洼洼。

褐马鸡是一种大型鸟类，作为被捕食对象，它的天敌并不多，主要有食肉动物的豹猫、赤狐、青鼬等，以及金雕、鹰等多种猛禽。但有趣的是，对褐马鸡而言，看似文弱的大嘴乌鸦，却是她命中的克星。在庞泉沟，大嘴乌鸦是一种十分常见的鸟类，它生性狡猾，会盘旋在正在孵化的褐马鸡窝的上空，发现褐马鸡的窝和蛋，并不直接袭击，而是趁褐马鸡外出时，偷偷盗食。

2. 竞争

竞争是两个物种共居一起，为争夺有限的营养、空间和其他共同需要而发生斗争的种间关系。竞争的结果，可能对竞争双方都有抑制作用，大多数的情况是对一方有利，另一方被淘汰，一方替代另一方。具有相同需要的两个不同物种，不能永久地生活在同一环境中，否则，一方终究要取代另一方，这种现象在生态学上被称作高斯原理。显然，竞争是生物界普遍存在的一种种间对抗性极强的相互关系。在庞泉沟，褐马鸡的竞争种是雉鸡，雉鸡也是地面活动的鸟类，新的研究表明，雉鸡种群数量的多少对褐马鸡有明显的影响。

3. 寄生

寄生即两种生物在一起生活，一方受益，另一方受害，后者给前者提供营养物质和居住场所。褐马鸡的体外寄生虫主要有羽虱，体内寄生虫有线虫等。

导语

褐马鸡生态造景的前台，两幅图版详细地展示出褐马鸡的生活习性和繁殖规律。

褐马鸡的巢和卵

褐马鸡的雏鸡

褐马鸡是典型的森林鸟类，生活离不开森林，晚上在树冠上过夜。它有曹植《鹖赋》中所写的"栖必异林"的习性：夏季褐马鸡一家居住在高山林间，冬季成群生活于低山的向阳背风坡，春秋两季垂直迁动。

褐马鸡和大多数鸟类一样，一年繁殖一次。春季分成小群，到 3 ～ 4 月份开始配对活动。4 月中旬产卵，每窝一般产卵 7 ～ 12 枚，小鸡孵化 28 天出壳。一直到秋季都是以家族活动，到冬季又集群活动。

五、褐马鸡骨骼标本

导语

精致的玻璃展柜中，有两副褐马鸡的骨骼标本。

在褐马鸡生态展厅里，我们直观看到褐马鸡的卵、雏鸡、成鸟等各种形态的标本，这里可以看一下它们的骨骼标本。

褐马鸡的骨骼标本

【背景资料】鸟类骨骼标本制作

骨骼是动物躯体的支撑系统。鸟类骨骼标本对了解鸟类的形态结构和功能、系统进化与分类鉴定等都有重要的意义。制作动物的骨骼标本，也是保护区科研工作者的一项基本技能。

制作鸟类骨骼标本需要手术刀、镊子、剪刀、钳子等工具。将死鸟沿腹部剖开皮肤，将整张皮剥下，这是一项耐心细致而又十分费时间的技术性工作。

皮剥下后，接下来要剔除骨骼上的肌肉，首先是从割除胸部肌肉做起，在鸟体龙骨突起两侧，大部分肌肉就长在这里。肋骨处可多留些肌肉。然后将颈、躯体及四肢等部位的肌肉剔除。去脑、眼球、舌，用电钻在肢骨上钻孔，清洗骨髓。

大的肌肉剔除后，骨骼的轮廓出现了，此时，要小心挪动，用水冲洗干净血迹、碎肉，而后浸入0.8％氢氧化钠或氢氧化钾中腐蚀2～3天。经过强碱处理的骨骼，上面残留的肌肉变得十分疏松，取出后先用清水冲洗，而后用镊子剔除残留于骨上的肌肉。然后浸入汽油中7天以脱去骨骼中的脂肪。去脂后的骨骼需要漂白，具体的方法是浸入0.8％的过氧化钠溶液中，漂白2～4天，或者浸入3％过氧化氢中漂白，取出用清水漂洗。

骨骼清洗干净后就能制作标本了。先用16号铜丝从颈椎插入，再从腰椎下的钻孔中穿出，作为支柱，以便固定在板上。也可把铜丝穿入股骨，从爪部穿出并固定在台板上。在颈椎前端的铜丝上绕上棉花、沾上白胶水，插入脑颅中，用细铜丝或尼龙线缚住前肢，再经过标本初步整形，置阳光下晒干，最后固定上架，挂上标签，这样，一件鸟的骨骼标本就成型了。

六、褐马鸡人工繁育与保护

导语

一层东侧墙面，一组灯箱照片明快清晰：褐马鸡的卵和孵化、雏鸡活动、人工饲养的鸡群、就地饲养大棚等，直观展示了庞泉沟保护区开展褐马鸡人工繁育的情况。

在保护区的主要旅游线路大沙沟，建有野生动物驯养繁育救护中心，主要任务是开展褐马鸡等珍稀野生动物的驯养、繁育和救护工作。基地建有 1500 平方米的褐马鸡就地饲养大棚，123 公顷半野生放养区及褐马鸡文化长廊。游客在这里可以与难得一见的世界珍禽谋面。

人工饲养的褐马鸡

【背景资料】褐马鸡的人工繁育

开展人工饲养繁育是保护濒危物种的主要对策之一。庞泉沟保护区从1982年开展人工饲养褐马鸡，经过30多年的发展，初步建成褐马鸡人工饲养繁育基地，基本掌握了人工饲养繁育技术，年饲养规模达到50只。

基地建有褐马鸡饲养棚舍，称为就地饲养大棚。依山谷而建，选择野生褐马鸡适宜的生存环境，尽可能保留原来的树木和灌木，占地面积1500多平方米。采用钢架结构，铁丝网封闭，这样可以防止饲养褐马鸡的外逃和天敌的侵害。依据褐马鸡的生活习性，结合宣传教育的目的，将大棚内划分为天然树木区、灌木区、饮水区、投饲区、雏鸡活动区、夜宿大棚等。一侧修建了步道，可供游客参观。

人工饲养的褐马鸡，每天按时定量投食、供水，饲料以玉米、莜麦为主，加配添加剂。饲养棚内种植莜麦，莜麦、野生青草和大白菜等是褐马鸡生活中离不了的青饲料。

繁殖工作是人工饲养褐马鸡的重点和难点，保护区的科研人员们经过多年探索总结，基本上掌握了"家鸡代孵褐马鸡人工繁殖技术"。褐马鸡卵经抱窝母鸡代孵，孵出后由抱窝母鸡代育，雏鸡以红蚂蚁卵、家鸡蛋、小米等饲料为食。人工饲养的褐马鸡有家化现象，通过在半野生环境中的野化训练，可以增加它对环境的适应能力。

2006年以来，保护区同中国动物协会、太原市动物园、北京师范大学、北京林业大学等合作开展"褐马鸡人工繁育技术研究"、"濒危雉类人工繁育技术与示范"和"濒危物种再引入关键技术及评估体系研究"3个国家级课题，取得了褐马鸡电孵化、异地"再引入"等一系列成功技术和科研成果。褐马鸡繁育基地累计人工繁育褐马鸡300多只，为种源保存、课题研究、公众宣教、媒体拍摄、再引入等工作做出重要贡献。

褐马鸡的保护可分为就地保护和迁地保护。就地保护主要是在栖息环境中的保护，迁地保护是人工手段下的一种保护方式。这些在大沙沟旅游，将看得更加明白。

褐马鸡文化长廊

【背景资料】褐马鸡文化长廊之保护

在半野生放养区的"褐马鸡文化长廊"上，镶嵌有72块有关褐马鸡知识的图文版面，以"小故事"的形式向游客系统介绍了褐马鸡。"文化长廊"最后两部分讲的是褐马鸡的保护，这里摘其主要的记录在册。

一、就地保护

就地保护是在野生动植物的原产地对物种实施有效的保护。主要是建立各种类型的自然保护区，对有价值的自然生态系统和野生生物及其栖息地予以保护。就地保护是生物多样性保护中最为有效的一项措施，是拯救生物多样性的必要手段。目前对褐马鸡的保护主要采取就地保护方式。

1. 主要威胁

分布区狭窄，栖息地严重破碎化，这是目前褐马鸡生存所面临的最主要问题。此外，野生种群数量稀少，一些亚种群的数量已出现下降趋势，也构成对褐马鸡的威胁。

2. 致危原因

根本原因是由于人类活动的干扰。尤其是明、清以来，对华北森林的几次大规模砍伐和破坏，造成森林面积的大幅度减少，从而导致褐马鸡分布区的面积急剧缩小。此外，保护以前的过度捕猎是褐马鸡数量减少甚至在局部区域灭绝的重要原因。

3. 加强保护

为了使褐马鸡有一个比较安静的繁殖环境，在褐马鸡孵卵期间，限制当地农民上山采羊肚菌、拔蕨菜、挖药材。加强对当地农民的宣传教育，特别是对《野生动物保护法》的宣传和执行，培养他们的自然保护意识和法制观念。

4. 天敌控制

天敌对褐马鸡的捕食是制约其种群发展的重要因素之一。因此，在天敌密度较高的地区，采取一些有效措施适当控制天敌对褐马鸡种群的危害。尤其是在繁殖期，适当控制天敌大嘴乌鸦的数量，可明显改善褐马鸡的营巢成功率。

5. 科研监测

自然保护区一般处于偏远地区，人类对环境的干扰程度较小，是地球环境的"本底"区域。对自然保护区生态环境进行持续监测，提供第一手资料，研究其变化规律，是自然保护区的职能，也是对褐马鸡实施科学保护的重要基础工作。

二、迁地保护

迁地保护是通过将野生动植物从原产地迁移到条件良好的其他环境中进行有效保护的一种方式。主要有移入动物园、植物园、濒危动物繁殖中心等和在原产地实施"再引入"，进行特殊的保护和管理。迁地保护可以为濒临灭绝生物提供生存的最后机会。

1. 人工养殖

目前世界各地饲养的褐马鸡大约在 1000 只左右。国外的褐马鸡多是少数个体的后代，在一定程度上存在着近亲繁殖的现象。我国在北京动物园、北京濒危动物驯养繁殖中心、个别褐马鸡自然保护区等单位，饲养了一定规模的褐马鸡。

2. 养殖难题

目前人工饲养的褐马鸡普遍存在繁殖尚未过关的难题，主要表现在卵受精率和雏鸟成活率低等方面。此外，饲养条件下还经常发生食羽症、啄肛、寄生虫、鸡白痢等疾病，造成较高的死亡率。提高饲养管理水平，提高繁殖成功率，建立褐马鸡健康的人工种群，仍是一项重要工作。

3. 生境改造

生境又称栖息地，是生物生活的空间和其中全部生态因子的总和。生态因子包括光照、温度、水分、空气、无机盐类等非生物因子和食物、天敌等生物因子。生境改造是人为对生境进行干预，创造保护物种更适宜的生存空间，是目前国际上比较流行的科学保护方式。

4. "再引入"研究

"再引入"作为拯救珍稀濒危物种的一条有效途径，已在一些鸟类和哺乳动物的身上获得了成功。通过"再引入"的方法，使珍稀濒危物种在已经消失的地方重新建立起野生种群，能够在较短的时间内迅速扩大其分布区。我国褐马鸡"再引入"研究工作已经启动，这项工作的开展，对褐马鸡的保护具有划时代的意义。

七、褐马鸡形态触摸互动

导语

一层东侧墙面，一幅大型的褐马鸡图片，轮廓清晰。之下设有头、翅、爪、尾四个部位的操作台，每个部位各有5种不同类型鸟类的按钮，其中只有一个是褐马鸡的，可以选择。访客按动按钮，对错立即回应。

褐马鸡形态触摸互动

通过前面的参观，想必大家对褐马鸡有了一个完整的了解。那么，眼前的这只褐马鸡，可以验证您参观的效果。它是一块互动的版面，图版褐马鸡的各部分和控制台上的按钮对应，每部分有 5 个选择按钮，您只需轻轻一按，答对了显示"√"，答错了显示"×"，一目了然。同时，您也可以了解一下动物形态结构与功能相适应的生态学原理。

【背景资料】解读褐马鸡的形态特征

褐马鸡的成鸟高约 60 厘米，体长 1～1.2 米，体重 5 公斤，在鸟类中算大型的体形。它胸骨发达，附有强健的肌肉。庞大的身躯，加上健壮的体格，使它不适应翱翔蓝天，更适合在地面行走。

褐马鸡最特别的是它那引人瞩目的尾羽，共有 22 片，长羽呈双排列，整体向后翘起、形似竖琴，十分美观。中央两对特别长而且大，平时，它高翘于其他尾羽之上，被称为"马鸡翎"。外边羽毛披散如发，并且下垂，和马的尾巴有几分相似。尾羽不仅是飞翔中控制方向的舵，也是求偶时重要的炫耀部位。

褐马鸡头侧有一对白色的角状羽簇伸出，宛如一双洁白的小角，因而又得名"角鸡"。这也是褐马鸡形态的重要特征，所以它的英文名字叫 Brown ～ eared pheasant，意思是"褐耳鸡"。

褐马鸡头顶有绒黑短羽，脸和两颊裸露无羽，呈艳红色，嘴巴粉红，粗壮而强健，这些构造使它不易被树枝等挂住，便于在地面啄食草根，跳跃起来啄食多种植物的叶子、果实及种子等。

褐马鸡全身呈浓褐色，头和颈为灰黑色。这一颜色和黄土高原地区冬季森林内的景观比较一致，这使褐马鸡在冬天相对开阔的森林里能有效得到伪装，从而不易被猛禽等天敌发现。褐马鸡和近亲蓝马鸡、藏马鸡和白马鸡相比，除了在地理上完全隔离外，它身体的颜色，也是区分不同马鸡的主要标志。

褐马鸡翅短，翅膀尖为圆形，这种翅膀已不适合飞行，只能短距离飞行或从高处向下滑翔。相反它两腿粗壮，发达有力，腿和脚强壮而有力，脚三趾在前，大趾在后，几乎成一个平面，爪为钩状，很适于在陆地上奔走。雄性腿后面长有一个突出的"距"，这也是它们特有的炫耀器官。

褐马鸡是一种出现在 6000 万年前的古老鸟类，它一直生存在华北——黄土高原地区的森林里，它身体每一部分的独特结构，都与它的习性完美地统一，表现出对生存环境的高度适应，这也是每种生物长期进化和自然选择的结果。

八、中国褐马鸡保护区

编辑导语

一幅大型的华北地区地图，详尽清晰，红色的区域标明褐马鸡的分布区，中国的每一个褐马鸡自然保护区标注在上面。

全国褐马鸡保护区分布图

目前，在全国有褐马鸡分布的 3 省一市，共建立有 8 个国家级褐马鸡保护区。此外，各省还有一些省级保护区。

从 2007 年起，这些褐马鸡保护区，为了进一步扩大研究领域，增进保护区间的交流，缔结为姊妹保护区，建立了共同的协作组织，开始联手保护褐马鸡的行动。

【背景资料】中国褐马鸡保护区

从1980年起，我国先后在山西吕梁山脉的北、中、南部，建立了芦芽山、庞泉沟、五鹿山3个国家级自然保护区。在河北和北京的小五台山地区，建立河北小五台山和北京百花山国家级自然保护区。在陕西省的黄龙山地区，建立陕西延安和韩城两个国家级自然保护区。之后又建立了山西省黑茶山、山西省云顶山、山西省薛公岭等一批省级自然保护区。

从2007年起，全国三省一市的褐马鸡保护区，在各自积极开展保护工作的同时，为了进一步扩大褐马鸡的研究领域，增进保护区间的交流，在庞泉沟保护区的倡导下，缔结为姊妹保护区，建立了协作组织，进一步把褐马鸡保护和研究工作推向深入。

以下是山西庞泉沟国家级自然保护区之外，其他国家级褐马鸡保护区的基本情况。

1. 山西芦芽山国家级自然保护区

位于吕梁山脉北端，地处山西省宁武、五寨、岢岚三县交界处，是以保护褐马鸡和云杉、华北落叶松为主的野生动植物类型自然保护区。1980年12月，经山西省人民政府批准，建立山西省芦芽山自然保护区，1997年12月经国务院批准为国家级自然保护区。

总面积21453公顷，森林覆盖率36.1%，是世界珍禽褐马鸡的原产地之一，素有"华北落叶松的故乡"、"云杉之家"的称誉，是三晋母亲河——汾河的源头地区。区内有高等植物954种，大型菌类75种；鸟类248种，兽类41种，两栖爬行类11种，国家一级重点保护动物有褐马鸡、金钱豹等7种；国家二级重点保护动物有石貂、大天鹅等37种；省级保护动物20种。

区内森林浩瀚，峰峦叠嶂，飞瀑流泉，自然和人文景观十分丰富，是资源考察、教学实习、科学研究、生态旅游的理想基地。

2. 河北小五台山国家级自然保护区

位于河北省西北张家口地区的蔚县和涿鹿两县境内，东与北京市门头沟区和保定地区的涞水县接壤。东西长60公里，南北宽28公里，总面积21833公顷。保护区属于森林和野生动物类型自然保护区，主要保护对象是天然针阔混交林、亚高山灌丛、草甸，国家一级重点保护动物褐马鸡。

小五台山保护区的前身为蔚县小五台山林场、涿鹿县杨家坪林场及岔道林场的山涧口营林区。1983年11月，批建为省级自然保护区，2002年7月晋升为国家级自然保护区。

3. 北京百花山国家级自然保护区

建于1985年，位于北京门头沟区清水镇境内。保护区距市区100公里，交通便利。2008年1月，被国务院审定为全国19处新建国家级自然保护区之一。

总面积2.17万公顷，其中核心区面积0.68万公顷，属于森林生态系统类型自然保护区，是北京市目前面积最大的高等植物和珍稀野生动物自然保护区。

森林覆盖率高达96%。百花山最高峰百草畔海拔2049米，为北京市第三高峰。百花山动植物资源丰富，素有华北"天然动植物园"之称，有4个植被类型，10个森林群落。植物种类有130科、485属、1100种，其中药用植物400余种。动物种类170种，其中有国家一级保护动物金钱豹、褐马鸡、黑鹳、金雕，国家二级保护动物斑羚、勺鸡。市级保护动物50余种。

4. 山西五鹿山国家级自然保护区

地处吕梁山脉南端，位于山西省蒲县、隰县交界处。主要保护褐马鸡和我国特有珍贵树种白皮松，属森林生态系统类型的自然保护区。

总面积20617.3公顷，其中有林地面积11212.7公顷，活立木蓄积量92.8万立方米，森林覆盖率68%，最高峰五鹿山海拔1946.3米。区内分布有野生动物252种、野生植物965种，其中，国家和省重点保护野生植物16种，国家一级保护野生动物6种。

保护区始建于1993年，1999年挂牌运行，2006年2月经国务院批准为国家级自然保护区。保护区管理局设在蒲县蒲城镇古坡村，现有职工40人，下设6个保护站、1个派出所。

5. 陕西延安黄龙山褐马鸡国家级自然保护区

建于 2001 年 8 月，位于陕西省东部黄龙、宜川两县境内。总面积 81753 公顷，海拔 845～1783 米，森林覆盖率 86.6%，地处陕北黄土高原和关中平原的交接地带，被誉为镶嵌在黄土高原上的"生态绿洲"。

区内生境多样，动植物资源丰富，有各类植物 1012 种，野生脊椎动物 224 种，国家一级保护动物 5 种，二级保护动物 14 种。保护区管理局现有职工 105 人，下设大岭、圪台、白马难、柏峪、薛家坪、石台寺 6 个保护站。2010 年经国务院批准为国家级自然保护区。

6. 陕西韩城黄龙山褐马鸡国家级自然保护区

位于陕西省东部，地处关中盆地的东北边缘和陕北黄土高原的南缘。该保护区是黄土高原上唯一保存比较完整的、具有原始性的一片天然林区，总面积 39124 公顷，其中核心区 14427.7 公顷，缓冲区 12952.7 公顷，实验区 11743.6 公顷。活立木总蓄积 185.0 万立方米，森林覆盖率 79%。

保护区内有大型真菌、蕨类植物和种子植物 970 种。其中野生种子植物 729 种，占陕北黄土高原地区野生种子植物种类的约 72%；有陆栖野生脊椎动物 194 种，其中鸟类 120 种，两栖爬行类 16 种，哺乳动物 41 种，昆虫类 432 种。其中，国家一级重点保护动物 4 种（褐马鸡、金钱豹、黑鹳、金雕），国家二级重点保护动物 15 种。

2001 年 8 月，陕西省在韩城市设立陕西韩城黄龙山褐马鸡省级自然保护区，行政管理隶属于陕西省韩城市，为县处级全额拨款事业单位。管理局下设办公室、计财科、资源保护科、科研宣教科、多种经营科、林业公安科、褐马鸡救护研究中心以及 4 个保护站，现有在职人员 118 人。2010 年经国务院批准为国家级自然保护区。

7. 山西黑茶山国家级自然保护区

2002 年，山西省人民政府批准建立黑茶山自然保护区。保护区行政区域涉及兴县东会乡、固贤乡、交楼申乡和蔚汾镇四个乡镇，面积为 24415.4 公顷。

保护区位于吕梁山中段，是晋西北低山浅山区生物多样性最为丰富的地区之一，主要保护暖温带落叶阔叶林与温带草原交错区的生态系统，有褐马鸡、原麝、金钱豹、兰科植物紫点杓、青毛杨等珍稀濒危野生动植物，是黄河一级支流湫水河的源头和蔚汾河的水源地。保护区西距毛乌素沙漠仅120公里，黑茶山把沙尘和西北寒流阻挡在山西侧，生态防护效果非常明显。

黑茶山自然保护区地处吕梁山中段与北段的连接处，这一带森林植被不足，是吕梁山中北段森林植被最狭窄的地区，这使得保护区成为吕梁山南北野生动物扩散、基因交流的重要通道。

2012年，黑茶山自然保护区经国务院批准晋升为国家级自然保护区，至此，山西省国家级自然保护区数量达到6个。除了黑茶山自然保护区之外，其他5处早期的国家级自然保护区是：庞泉沟自然保护区、历山自然保护区、芦芽山自然保护区、阳城蟒河猕猴自然保护区、五鹿山自然保护区。

第三篇 动植物标本

概况

导语

访客中心主要展示的是庞泉沟的动植物标本。灯光绚丽的玻璃展柜内，每一件标本栩栩如生。造型逼真的森林景观中，野生动物们自由地生存。

访问者中心有上下两层，在一层有褐马鸡生态展厅和两处庞泉沟冬日生态造景，已展示出庞泉沟动物标本的风采，二楼将展示更多的动植物标本。

【背景资料】庞泉沟的动植物标本

庞泉沟保护区访问者中心馆内共收藏动植物标本3900余件，1650余种，其中鸟类标本161种340件，兽类标本27种56件，两栖类标本4种7件，昆虫标本1000余种2761件，植物标本300余种730件。收集的鸟兽种类达到本区资源种数的80%以上，占到山西省动植物种数的50%。

这些动植物标本，是建区以来结合动植物科学研究，主要在山西省生物研究所的动物学专家及山西农业大学、山西大学等生物学教学和科研的老师指导下，由保护区工作人员采集和制作的。采集和收藏标本的主要目的，是为了更加准确地查清保护区的动植物种类。

动植物标本的采集、制作、分类、保管是一项专业性很强的技术性工作，采集制作需投入大量的人力和物力。最吸引人的是鸟类、兽类标本，制作方式有假剥制和生态剥制两种类型，供游人参观的是造型逼真的生态剥制标本。

标本储存依据科学管理的要求，每一份标本均记载有珍贵的第一手科学资料，同时标有包括动物身体特征、采集地、采集时间等附属特征的原始标签。另外，为了满足游人观赏的需要，标本还附有科普标签。为了防腐的原因，标本在制作过程中多用砒霜等毒品处理过，定期要进行消毒，所以参观时，景观中外露的标本，一定不要用手触摸。

动植物标本对于生物科研教学，特别是动植物分类学研究与教学十分重要，它可以为科研与教学提供丰富的实验材料，以实物的形式保存珍稀动植物资源。动植物标本也是生态保护宣传教育工作的重要载体，可向参观者近距离展示野生动植物，以生动的形式揭示自然界的奥秘，更好地提高全民的环保素质。1999年，访问者中心的前身——生态标本馆，已被中国科学技术协会命名为"全国科普教育基地"。

一、冬日里的生机

导语

　　一层东南角，是一块造型逼真的生态景观。山林银装素裹，大地白雪皑皑，在这个寂静的森林世界里，动物们正在演绎着生命的故事……

　　这幅《庞泉沟冬日生态造景》逼真地再现出庞泉沟冬日的景象。

　　山林银装素裹，大地一片寂静，然而，大自然却充满生机。山顶巨石上，一只大型猛禽——毛脚鵟正在撕食捕猎来得美味。林中山洞里，一只野狼正从洞穴出发，准备一天的寻觅。狼的习性残忍，主要食物为野兔等，二十世纪五六十年代前很普遍，现在数量已较为少见。一只狡猾的狐狸穿行在密林中。这些都是处于食物链顶端的动物，它们的生存需要有大量食物的存在，而庞泉沟保存完好的生态环境，正好为它们提供了生存的家园。

庞泉沟冬日生态造景

【背景资料】食物链

自然界中，不同生物间存在着一系列吃与被吃的关系，它们的这种食物营养关系，就像一条链子，一环扣一环，在生态学上被称为食物链。食物链中，不同生物扮演着不同的角色，根据它们在能量和物质运动中所起的作用，可以归纳为生产者、消费者和分解者三类。

生产者主要是绿色植物，能从环境中吸收二氧化碳和水，在太阳光的作用下合成有机物。太阳辐射能也只有通过生产者，才能不断地将太阳的能量转化为生物能量，成为包括我们人类在内的消费者，以及细菌等分解者生命活动中唯一的能源。

消费者一般是动物，它们直接或间接以植物为食，简单可以分为食草和食肉动物两大类。食草动物称为初级消费者，它们吞食植物而得到自己需要的食物和能量；食草动物又可被小型食肉动物所捕食，这些食肉动物称为二级消费者；又有一些捕食小型食肉动物的大型食肉动物，称为三级消费者，以此类推……不过，食物链中能量的传递是单向传导的，而且逐级递减，每一级传递效率为 $10\% \sim 20\%$，因而食物链不是无限延伸，而是存在极限，一条食物链一般只包括 $3 \sim 5$ 个环节。最后的环节就是顶级消费者，如猛禽和狼等。一个顶级消费者的存在，需要大量的初级消费者，一只老虎的生存区域需要大约450平方公里，所谓"一山不能容二虎"，便是这个道理。

分解者主要是各种细菌和真菌，也包括一些腐食性动物，如食枯木的甲虫、白蚁，以及蚯蚓和一些软体动物等。它们把复杂的动植物残体分解为简单的化合物，最后分解成无机物归还到环境中去，被生产者再利用，所以分解者又可称为还原者。

实际上在自然界中，每种动物并不是只吃一种食物，因此形成的是一个复杂的食物链网，也就是食物网。一个复杂的食物网是使生态系统保持稳定的重要条件，一般认为，食物网就像蜘蛛网一样，越复杂，生态系统抵抗外力干扰的能力就越强，越难破坏，反之，越简单，生态系统就越容易发生波动和毁灭。

生物链是不能根据人类自己的愿望随意改变的，如果改变不当，则会对生物产生极大的影响。

草原上，狼吃羊，狼是人和牲畜的大敌，但是狼也吃田鼠、野兔和黄羊，田鼠、野兔、黄羊等又吃草，草又是羊的主要粮食，这些生物组成了一个庞大的生物王国，形成了环环相扣的食物链，它们相互制约、相互依存，与草原共同存活了几万年。可是有一天，在草原上不断强大的人们，看到狼吃羊，认为狼是人类的大害，便采用了各种方法消灭狼，甚至举枪射杀狼群，终于，狼群被杀得七零八落，消无音迹。他们以为这样羊群就不受损害，然而事情并非如此简单，狼口脱生的田鼠、野兔、黄羊等大量繁殖，将一片片绿草吃个精光，而且经常将草连根拔起。草原失去了青青绿草，处处是裸露的黄土，许多地方变成了沙漠，一起风，黄沙漫天……人们再也看不到一望无际的辽阔大草原，再也看不到风吹草低见牛羊的景象。齐秦演唱的《狼》，将此景逼真再现："我是一匹来自北方的狼，走在无垠的旷野中，凄厉的北风吹过，漫漫的黄沙掠过，我只有咬着冷冷的牙，报以两声长啸，不为别的，只为那传说中美丽的草原。"

草兔

二、兽类标本展柜

导语

二层入口正面是兽类标本展柜。灯光明亮的玻璃展柜内，陈列着大中型野兽动物标本。展柜顶上，镶嵌着一幅幅庞泉沟动物的灯箱图片。

在非专业人士来说，兽类才是实实在在的动物，而这种动物明显有别于鱼、蛙、蛇、鸟及昆虫。我国古人定义兽类是"四足而毛"的动物。其实动物的种类太多了，分为脊椎动物和无脊椎动物。兽类是脊椎动物中的最高类群，繁殖方式在非专业人士来说，兽类才是实实在在的动物，而这种动物明显有别于鱼、蛙、蛇、鸟及昆虫。我国古人定义兽类是"四足而毛"的动物。其实动物的种类太多了，分为脊椎动物和无脊椎动物。兽类是脊椎动物中的最高类群，繁殖方式是胎生哺乳，即哺乳动物。

兽类和鸟类一样，属于恒温动物，但要比鸟类种类少得多，而且体形较小的鼠类和蝙蝠等占到相当大的比例。而对于大家耳熟能详的大型兽类来说，在每一个地区，都是屈指可数的。

我国有兽类400多种，庞泉沟共有32种，在访客中心几乎可以看到它们的全部身影。

兽类标本展柜

【背景资料】兽类的种类

　　每当人们谈起野兽时，很自然就会想到豺、狼、虎、豹这些大型食肉动物，可能还没有想到像老鼠、蝙蝠、刺猬等这些小型动物也是兽类，其实后者的种类和数量要较前者多得多。

　　兽类属于脊椎动物中的哺乳纲，是由古代爬行类进化而来的。它们的主要特征是体内有脊柱、体表被毛、胎生哺乳、体温恒定等。从进化的程度来说，生活在大洋洲的鸭嘴兽和有袋类动物比较原始，属于原兽类和后兽类。只有其他的兽类才是真兽类，也就是我们平常所称的"兽类"，它们是最高等的哺乳动物，是整个动物界中进化地位最高的类群。据统计，我国现生的兽类共有450余种，占世界兽类总数的10.6%，共有14目50科。庞泉沟有兽类32种，属于6目15科。

　　兽类与人类有着密切的关系，按它们种间的食物关系，大致可分为食肉、食草和杂食三类。按照它们的生态习性，则可分为以下五个类群。

　1. 空中飞行的动物

　　能在空中飞翔的动物，除鸟类和大部分昆虫外，只有蝙蝠了。蝙蝠是一类动物的通称，有人把它当成是鸟类，民间有传说它是老鼠变的，这些都是不对的，蝙蝠属翼手目，是哺乳动物中唯一能够在空中飞行的小型兽类。

　　蝙蝠一般夜间活动。它们多居住在山洞、山崖石缝、树洞、古老建筑物中。大部分蝙蝠是吃虫的，有的还以植物的花粉、果实为食，个别种类还有吸血的。它们取食时，不是依靠视觉，而是靠口腔和吻鼻部发出的超声波，利用回声定位来判断猎物的位置。居住在温带的蝙蝠有冬眠的习性，冬眠时许多个体聚在一起，倒挂在岩壁上。庞泉沟的蝙蝠有普通蝙蝠、须鼠耳蝠和普通伏翼3个种类。

　2. 穿行于树际的高等哺乳动物

　　以树栖为主的哺乳动物，主要包括进化水平最高，属灵长目的各种猿猴，共有200余种。此外，啮齿目中的鼯鼠（俗称飞鼠）、巨松鼠、松鼠、花鼠、睡鼠；树鼩目中的树鼩以及食肉目中的小灵猫、豹猫等也在树上活动。我国野生猿猴有 18 种，约占这一类动物的 9%，其中有我国特产的金丝猴、台湾猴、白头叶猴。灵长目动物主要分布在亚洲、非洲和美洲的热带地区。体型最大的为大猩猩，体重在 200 公斤以上；最小的矮狐猴体重仅有 50 克。

这一类动物通常过着树栖、半树栖的群居性生活，白天活动，仅有少数种类为夜间活动。活动时以家族式群体在一起，有时也结成大群，每群数量不等。

3. 食肉的陆栖猛兽

我们俗称的猛兽或食肉兽，是食肉目一大类动物的总称，如豺、狼、虎、豹、熊、鼬、貂等，它们都为大型和中型兽类。实际上，这类动物只能称做陆栖猛兽，还有一些食肉兽主要生活在水中，以鱼、软体动物为食，如海豹、海狮、海象等，它们在动物分类上属鳍足目。食肉目动物在全世界约有 250 种（不包括鳍足目动物），我国有 55 种。食肉目包括 8 科，即犬科、熊科、浣熊科、大熊猫科、鼬科、灵猫科、猫科、鬣狗科。除鬣狗科外，我国都有分布。

食肉目动物身体矫健，动作灵敏，反应迅速，它四肢的脚爪是捕捉猎物的有力武器，多数以肉食为主，但狗、狐狸、貂等，除肉食外，还吃一些植物性食物，近于杂食，而大熊猫以箭竹、竹笋为主食，在食肉目动物里几乎成为素食者。

食肉兽大部分是昼伏夜出，营独居生活，仅在繁殖育幼时期有短暂的家族式栖聚。每种食肉兽往往有一定的活动领域：狮子由于群居式生活所需空间较小；虎是独来独往的猛兽，喜欢游荡，因此，所需空间较大。虎和狮子生活在不同的大陆。食肉兽中不少种类如虎、豹、大熊猫、小熊猫等都是需加强保护的国家一、二级保护动物。

食肉兽在人们的经济生活中占有很重要的地位。几千年来，我国劳动人民一直对它们进行狩猎、利用和饲养，如用貂皮、狐皮、水獭皮、貉皮、黄狼皮（黄鼠狼）等制成皮衣，用熊胆、虎骨、獾油制成中草药，用灵猫香、黄鼬（黄鼠狼）尾毛作工业原料等。20世纪 80 年代，为保护、拯救珍贵、濒危野生动物，保护、发展和合理利用野生动物资源，维护生态平衡，制订了《中华人民共和国野生动物保护法》，禁止任何单位和个人非法捕猎国家保护野生动物或者破坏其生存环境。

4. 四肢有蹄的兽类

一提到有蹄动物，人们自然会想到成群的野马、野驴、黄羊、鹅喉羚、野骆驼等在一望无际的原野上奔驰的场面。有蹄类动物种数较少，但数量大，其中以黄羊最具代表性，历史上曾出现过上千只的大群。然而，有蹄动物并非只生活在开阔的原野上，还有出入森林和灌丛的獐、狍、麂、鹿和野猪，以及在山地攀爬的各种羊类。除野猪等为杂食外，其他均以植物性食物为食。

有蹄类动物包括趾数为单数的奇蹄目和趾数为偶数的偶蹄目。奇蹄目世界上共有17种，如马、驴、貘、犀等，在我国仅分布有野马、野驴和藏野驴这3种。偶蹄目共有194种，我国分布有41种，其中有不少特产动物，如野骆驼、野牦牛、原麝、狍、獐、黑麂、梅花鹿、白唇鹿、麋鹿、藏羚羊、羚牛等。

我国的有蹄类动物，除有科研价值或作为观赏动物外，几乎都可以列为资源动物。如鹿科动物，在中国传统的中草药中，以麝香和鹿茸最为名贵，古代就有饲养梅花鹿取茸入药的历史。现代的大家畜如骆驼、水牛、牦牛、山羊、绵羊、家猪等也是从野生的有蹄类动物中驯化而来的。但近代以来，由于人们为了获得皮、肉，取茸、取香入药而对它们滥捕乱猎，加上人类经济活动对动物栖息地的破坏，它们的数量日益减少，有的已濒临绝灭，目前已有多种此类动物列为国家一、二级保护动物。

5. 啮齿动物

各种鼠类、兔子和鼠兔由于形态、习性和生理等的相似，我们统称为啮齿动物。它包括兽类中的啮齿目与兔形目两个类群，在我国就有180～190种，占全国兽类种数的1/3强，其个体数量超过其他类群数量的总和。

啮齿动物对环境的适应极强，因而在地球表面分布最广，除生存条件极端恶劣的南、北极外，不论是高山、草原、森林、平原、农田、水域、戈壁都有它们的踪迹，几乎遍布全球。啮齿动物大部分营穴居生活，在地下挖掘深而复杂的洞道，如黄鼠、布氏田鼠、旱獭、鼠兔等，多以植物的绿色部分、根茎、种子等为食。

　　啮齿动物与人类关系密切，除部分种类如松鼠、旱獭、麝鼠、竹鼠、花鼠等，可向人类提供毛皮、肉食，用于科研、观赏对人类有益处外，大部分啮齿动物对人类的危害是主要的。

　　啮齿动物对人类的危害主要是它们啃咬青苗，盗食谷物，污染存粮，可以说在整个农作物的生长期内都有它们危害。鼠类危害最严重的还表现在它是流行性传染病的储存宿主，直接威胁着人类的生命和健康。据统计，由鼠类传播的疾病不下 70 多种，其中以鼠疫，流行性出血热等危害最大，如 14 世纪鼠疫传入欧洲，死亡人数达 250 万人，为欧洲人口的 1/4。

　　鼠害猖獗已是当今世界上存在的一个极为严重的问题，实践证明，在目前科学技术条件下，想要把任何一种鼠类完全消灭掉几乎是不可能的。老鼠固然可恶，但它们也是生态系统中不可缺少的成员，是兽类中鼬科动物、鸟类中的猛禽、爬行类中的蛇类等的主要食物。因此，鼠害防治应主要研究如何把群体数量控制到不至为害的程度，以保持生态系统的相对平衡。

岩松鼠

谈到野兽，人们首先会想到"兽中之王"的老虎，它已深深融入我们民族的文化之中。历史上，山西省也曾有老虎的分布，但 20 世纪已经绝迹了。

目前，金钱豹成了大部分山林的兽中之王，它是老虎的近亲，被列为国家一级重点保护动物。它的毛色金黄，身上有像古钱一样的黑褐色斑点，主要捕食狍子、野兔等，是大型的食肉猛兽。它会爬树、能游泳，多栖息于深山老林，一般晚上出来活动，所以大家在庞泉沟旅游时不必担心会遇到它。标本中，大豹子身下的那只小豹子，是太原市动物园人工饲养繁殖的，出生只有 3 天就不幸夭亡。

金钱豹标本

【背景资料】兽王金钱豹

金钱豹是食肉目猫科动物，动物学名字叫豹，因全身棕黄而遍布黑褐色金钱花斑，故名。还有一种黑化型个体，通体暗黑褐，被称为墨豹。

金钱豹和老虎是近亲，头圆、耳小，体态似虎，但只有虎的三分之一大。山西民间有"三虎出一豹，三鹰出一鹞"的说法，这种说法虽然缺乏科学性，但能说明虎和豹是同宗，也能在同一区域分布，而且在古代，很可能虎比豹更常见。

20 世纪 60 年代前，山西省似有老虎的踪迹，传闻如下：1957 年 9 月 29 日，原平县一位民兵队长张三虎，在云中山石佛寺一带，与一只猛虎搏斗，最后老虎重伤逃走，张三虎则全身受伤90余处，成了一个血人，住了一个多月医院。后来，张三虎参加了华北地区和全国民兵表彰大会，得到一支半自动步枪的奖励，并被誉为"打虎英雄"。"打虎英雄"确有其人其事，但科学意义上对虎的调查当时却没有跟上，是虎非虎？今天已难于考证。但森林的砍伐，外省来山西高价收购野猪、狍子、青羊、黄羊等，无疑会对虎这种大型动物造成巨大的影响。到90年代，据权威调查，山西省的老虎已经绝迹了。这种影响对金钱豹也是同样的，可以说，老虎的悲惨故事，很可能是豹的后世命运。好在山西省目前还有一定数量的豹，是它们支撑着森林兽王。

在庞泉沟，豹栖息于地势险峻，石山耸立，人为干扰少，森林繁茂，远距交通要道的高山。豹善于跳跃和攀爬，体能极强，视觉和嗅觉灵敏异常，性情机警，既会游泳，又善于爬树，是一种食性广泛、胆大凶猛的食肉类猛兽，但一般不伤人。

豹一般单独居住，它通常在黄昏时由高山竣岭向平缓的山麓地带下行，以便夜间寻食，拂晓时从觅食地开始上行，返回栖息地，当地对豹的活动称道"天黑下山，天明上山"，可见游人在白天游览是不会遇上豹子的。一些常上山的村民遇见过豹，甚至与豹狭路相逢，面面相觑，但村民说，只要你镇定，一眨眼或一回头的功夫，豹就从眼前消失了。

豹的发情和交配在冬季11～12月。雄豹先发情，每日在林间独来独去，高吭吼叫，传递求偶信息。雌豹听闻，二者相互接近，交配后各自离散。豹的怀孕期在100天左右，每胎产2～3仔。

豹的猎物主要有狍子、草兔、野猪等中小型食草动物。与一般的大型猫科动物一样，豹会在密林的掩护下，潜近猎物，并来一个突袭，攻击猎物的颈部或口鼻部，令其窒息。豹通常把猎物拖上树慢慢吃。豹也吃放牧的小马、小牛等家畜，因而发生人豹之间的冲突。

豹分布广泛，除台湾、海南、新疆等少数省份外，曾经遍布全国各地，但近年数量锐减，濒临绝迹，被列入国家一级保护动物。长期的过度猎捕、栖息地破坏、种群过小且相互隔离，导致种群退化，也是致危原因之一。

火狐

大型食肉动物在庞泉沟还有狼和狐狸，它们同属于食肉目犬科的动物，在一层的冬季生态景观中都见过了，展柜里还有一只狐狸标本。

狐狸的动物学名字叫火狐，是狡猾狐狸中最常见的一种，也就是我们最熟悉的"狐仙"。它的毛皮最好，是制作裘皮的上等材料，已被人工养殖。

食肉目的动物在庞泉沟还有鼬科的青鼬，给鸡拜年的黄鼠狼——黄鼬，以及香鼬和艾虎，它们都是毛皮动物。

【背景资料】狐仙溯源

火狐又叫红狐、赤狐等，它是狐狸多个种类中最常见的一种，广泛分布于欧亚大陆和北美洲大陆，还被引入到澳大利亚等地，我们日常所称的狐狸，多半指的就是它。

在我国北方民间，人们把狐狸当成"狐仙"、狐狸精，或称做"大仙"，猎人一般不愿打它。在古代神话中，狐狸通过修炼、吸收日月精华或人气，能够化身成为人形。狐仙多变为美女，勾引壮丁或少女。

狐狸是一种十分神奇的动物，它的腿脚虽然较短，爪子却很锐利，跑得也很快，追击猎物时速度可达每小时50多公里，而且善于游泳和爬树。狐狸很喜欢在有人居住的山村来来去去，与人类的互动频繁。在民间故事或童话之中，它细长的身体，尖尖的嘴巴，大大的耳朵，身后拖着一条长长的大尾巴，经常扮演着既聪明又狡猾的角色。

狐狸喜欢居住在土穴、树洞或岩石缝中，有时也占据兔、獾等动物的巢穴。它的住处常不固定，除了繁殖期外，一般都是独自栖息。通常夜里出来活动，白天隐蔽在洞中睡觉，长长的尾巴有防潮、保暖的作用，但在荒僻的地方，有时白天也会出来寻找食物。

蒲松龄的小说《聊斋志异》里，常叙述善良的狐仙与凡人相恋的故事。她们重情感、爱家庭、有信义，是有情有义的"义狐"，这是有一定科学根据的。

在狐狸的世界里，火狐的1个月，大约就是人类的两岁。在每年的12月到翌年的2月，出生9～10个月的狐狸已长大成人，到了谈婚论嫁的年龄。此时，为了得到异性的青睐，血气方刚的雄性狐狸之间，会发生激烈的求偶争斗。母狐狸的尿液中散发出异样的气味，能够吸引对方，受到引诱的公狐狸会发出古怪而又可怕的尖叫声，进行一种复杂的求婚方式，而后一对狐狸成婚组成一个家。

在妻子生育之前，狐狸丈夫修整洞穴，外出觅食，为了家和将来的孩子们，他辛苦之极。春暖花开之时，经过2～3个月怀孕的狐狸妻子要做母亲，她们是"英雄母亲"，每胎能生5～6个孩子。有资料说，最多可达13个。聊斋里有一篇叫《辛十四娘》，说一家狐仙的小女居然是老十四。

出生后的小狐狸在14～18天才睁开眼睛。在这段时间里，狐狸爸爸精心地抚养和照顾他的妻子和儿女，从不离开，每天的任务就是为全家提供可口的食物。

小狐狸生长的速度很快，1月龄左右体重就达到1公斤，可以出洞活动，喜欢在洞口晒太阳。爸爸此时更加忙碌，不仅要给妻子，而且也要给长得很快的孩子们外出找食。狐狸妈妈则要一直哺乳儿女约45天。如果这时妈妈不幸身亡，爸爸就要独自承担起养育孩子的任务。半年以后，小狐狸们已经长大，他们便离开父母，学习独立生活。

和人类相比，如此"信义"的狐狸也修成了长寿，寿命为12～14年左右，相当于人类能活上240～280岁。

原麝标本

原麝，又名香獐子，当地叫"香子"，是草食性动物。雄麝有犬牙，由此动物学家认为，它是从古代的食肉动物进化而来的。原麝的最神奇之处是雄麝在腹部产麝香，麝香自古以来就是极其名贵的中药材，李时珍在《本草纲目》中称其有"除百病"的功效，能"治一切恶气及惊恐"之症。同时，麝香还是一种良好的天然定香剂，为四大动物香料（麝香、龙涎香、灵猫香、海狸香）之冠。

原麝胆怯，性格机警、孤独，常单独活动在悬崖峭壁、人为干扰较少的山地，活动路线比较固定。人们利用它的这一特点进行猎捕，尤其使用下套子的方法，不管雄雌一起捕杀，使它的数量不断减少，国家已把它从二级重点保护动物提升为一级。

【背景资料】神奇的香獐子

麝，又名香獐子，是一种经济价值较高的小型偶蹄类食草动物。蒲松龄小说《聊斋志异》中有一篇《花姑子》，讲述的是心地善良的穷书生安幼舆，被由香獐子修炼成精的花姑子所救，产生人妖之恋的故事。

麝有好几个种类，庞泉沟的是原麝，当地叫香子。雄麝上颌有一对獠牙，一般为 5～6 厘米，露出唇外。由此动物学家研究推测，原麝的祖先曾是一种凶猛的食肉动物，在长期的进化中，为了适应变迁的环境，逐步进化成了食草动物。这一对獠牙，就是原麝先祖留给后代的印迹。

原麝的蹄子窄而尖，非常适合疾跑和跳跃，常年生活在高峻的深山，非悬崖峭壁不栖，绝壁上巴掌宽的石沿，就能飞跑，甚至是斜长的一颗小树，也能轻易站立其上。

原麝性情孤独，一般雌雄分居，过着独居的生活，而雌麝常与幼麝在一起。原麝以晨昏活动频繁，多在各自的居住地内，沿着一定的路线行走、采食。它还有固定的排粪便场所和遮盖粪便的习惯。还常用尾脂腺分泌的油脂，涂抹在树桩上，作为划定领域的标记和彼此间联络的信息。可悲的是，当遇到猎人的追捕逃脱后，不过几天，往往还会回到原来栖身的地方，当地人们把原麝这种固执怀恋故土的情怀，称为"舍命不舍山"。

原麝的最神秘之处，在于它能产麝香。麝香作为一种名贵的中药材和高级香料，在我国已经有 2000 多年的历史，汉朝的《神农本草经》将麝香列为药材中的珍品。明朝李时珍在《本草纲目》中称其有"辟邪气，杀鬼精，通神仙，除百病"的功效，能"治一切恶气及惊恐"之症。很多著名的中成药，如安宫牛黄丸、大活络丹、六神丸、苏合香丸、云南白药等都含有麝香的成分。现代临床药理研究也证明：麝香具有兴奋中枢神经、刺激心血管、促进雄性激素分泌和抗炎症等作用。

除原麝外，我国还有 4 种麝，它们是林麝、马麝、黑麝和喜马拉雅麝，都产麝香，而且只有雄性产香。在雄麝的腹部下方，有一香囊，为椭圆形的袋状物，埋于生殖器前的组织深处。麝香由香囊分泌，经过大约两个月的熟化和贮存，形成粉粒状的"蚂蚁香"和颗粒状的"挡门子香"。成熟的麝香呈咖啡色，干后为深褐色。

雄麝从 1 岁就开始分泌麝香，3～12 岁是麝香分泌最旺盛的时期，其形成和分泌过程是连续性的，但只有每年的 5～7 月间有 4～10 天的泌香旺盛期。麝香在生物学上称为外激素，具有浓厚而奇异的香味。这种香味平时是它们彼此相互辨认、增加交往，以及减少同竞争对手遭遇的信息手段，在繁殖期间则具有吸引异性的强烈作用。

麝香在香料生产和医药工业中也有着传统的工艺和不可替代的价值，是四大动物香料之首，香味浓厚，浓郁芳馥，经久不散。我国生产的麝香不仅质量居世界之首，产量也占世界的70%以上。目前，其价格是黄金的好几倍，每只雄麝一生约产麝香几克到几十克。

由于世世代代都在采用杀麝取香的方法，致使野生麝类资源越来越少。原麝也由于活动规律固定，一些不法偷猎分子，在其固定行走的路线上设下铁丝套子，这样就不分雌雄老幼一概猎捕。在20世纪50年代，原麝在庞泉沟的数量还很多，在80年代成立保护区之前，资源已遭到很大的破坏，目前数量非常稀少。

现在我国对麝类的生存和发展，已经采取了很多有效的保护措施。国家将其从二级重点保护动物升为一级。不仅在其分布区内建立了许多自然保护区，而且早在20世纪50年代后期就发展了麝类养殖业，并逐步摸索出了"活体取香"的科学方法，改变了以往杀麝取香的方法。与此同时，我国科研部门还开展了人工合成麝香的研究，以及利用生物工程的最新手段，培养麝香腺细胞，为早日解决商品麝香的供求矛盾打下基础。

野兔的动物学名字叫草兔，在庞泉沟最为普遍。

草兔标本

【背景资料】草兔

草兔是一种十分常见的动物，也就是俗称的野兔。体重平均有两公斤。主要活动于农田或农田附近的低洼地，多在夜间活动，听觉、视觉都很发达。分布于欧洲、俄罗斯和蒙古，中国东北、华北、西北和长江中下游一带。

草兔的耳朵可以向着它感兴趣的方向随意灵活转动，当它来到一个新的环境，或者是见到一个没有见过的物体时，就会竖起警惕的双耳来仔细探听动静。相反，如果处在它认为是安全的环境中时，却会让耳朵向下垂着。

草兔的眼睛很大，置于头的两侧，为其提供了大范围的视野，可以同时前视、后视、侧视和上视，真可谓眼观六路。但唯一的缺欠是眼睛间的距离太大，要靠左右移动面部才能看清物体，在快速奔跑时，往往来不及转动面部，所以常常撞墙、撞树，"守株待兔"的寓言故事恐怕就起因于此。

草兔在一般情况下是不能喝水的。它的胃生得很娇嫩，负担不了过多的水分。它体内所需要的水分大都是依靠食物提供的。由于每天取食大量的青草和青菜，里面都含有相当多的水分，在一般情况下，这些水分就足够了，如果再喝下一些水，就会造成负担，引起肠胃炎而拉稀，甚至可能导致死亡。

草兔生活于地面，不会掘洞，善于奔跑。除育仔期有固定的巢穴外，平时过着流浪生活。春、夏季节，在茂密的幼林和灌木丛中生活；秋、冬季节，它的匿伏处往往是一丛草、一片土疙瘩、一处灌木丛。草兔用前爪挖成浅浅的小穴藏身，匿伏其中，只将身体下半部藏住，脊背比地面稍高或保持一致，凭保护色达到隐身。受惊逃走或觅食离去，再藏时再挖，也利用旧"穴"藏身，这大概就是古人所称的"狡兔三窟"吧。

草兔每年产三胎或四胎，早春二月即有怀胎的母兔，孕期一个半月左右。年初月份每胎 2～3 只，四五月每胎 4～5 只，六七月每胎 5～7 只，月份增加，天气转暖，食料丰富，产仔数也增加。幼兔刚出生就全身毛绒绒的，能睁眼，不久就能跑，十分可爱。春夏如果是干旱季节，幼仔成活率高，秋后草兔的数量剧增；如果雨季来得早，幼兔因潮湿死于疫病的多，秋后的数量就不那么多了。草兔主要以玉米、豆类、蔬菜、杂草、树皮、嫩枝及树苗等为食，对农作物及苗木有危害。

果子狸

　　展柜上面图片中的果子狸也是一种较大的兽类，在庞泉沟也有。有人误认为是狐狸，可惜我们没采到标本，也很少见到它的踪影。这种动物在南方林区常见，据说，它和 2003 年的"非典"有关。

三、兽乐园——庞泉沟之秋

导语

　　二层展厅中央，有一块五彩缤纷的森林，是用生态造景展示出庞泉沟的秋天景象。森林的溪水边、林中的草地上、树枝上、天空中，野生动物们在自由地生活，这里就是"鸟天堂，兽乐园"。

生态景观中的狍子

　　庞泉沟的十月，金秋来到，层林尽染，华北落叶松在它落叶之前，呈现出一片金黄，四季常青的云杉保持本来的面目，这也是庞泉沟一年中风光最美的季节。

　　森林里的动物忙碌着将身体养的膘肥体壮，提前做好过冬的准备。狍子三五成群，人说狍子是"傻狍子"，因为它见了人不跑或是跑几步站下，回头盯着人看，这是它致命的弱点。

【背景资料】狍子

狍子，动物学名字叫狍，又称野羊、矮鹿，是鹿科反刍草食动物的一种，成狍体重40公斤左右。狍子尾很短。雄的有角，每年春天生茸，入冬脱落；雌狍无角。与大多食草动物一样，狍子没有虎豹彪悍的本事，但天生就有灵敏的听觉、视觉和嗅觉，再加上快速的奔跑能力，使它们能够在弱肉强食的动物王国里得以生存和繁衍。

狍子广泛分布在我国东北、华北和新疆等地的林区。东北人叫它"傻狍子"，其实，狍子并不是真的傻，只是它天生好奇。碰见人是先站在那儿琢磨这是怎么一回子事，发现有情况才拼命地跑，跑一会儿还要停下来，看看形势。就是追击者在后面突然大喊一声，它也要停下来看看……这给猎人带来机会，也成了它对付人类这种"天敌"的致命弱点。

被誉为"兴安岭王者"的鄂伦春族以打狍子为生。他们头戴狍头皮做的帽子，用狍子皮做成衣服，冬天用来做御寒的皮衣，夏季把皮子上的毛刮干净，用光皮板做衣料，下雨时皮衣也不会湿透。还用狍皮做手套、袜子、裤子、被褥等。狍肉是鄂伦春人最喜欢吃的肉食之一，常用狍子肉下面片。老年人最喜欢吃狍子脑袋，说是"一个地方一个味"，常用狍子脑袋招待尊敬的客人。

狍子的全身都是宝，其皮加工后是有名的狍皮"绸"，非常珍贵，是制裘的上等原料。在封建社会，狍子是皇家猎苑的主要狩猎动物，也是皇族贵人最喜食的野味佳肴。古有"食狍肉成仙"的传说，实际上是说，狍肉营养保健价值高，常吃狍肉，身体强健，延年益寿。因狍肉质地纯瘦，味道鲜美，营养丰富，是星级宾馆的高级野味佳肴，为此在产区因过量偷猎，造成野生资源稀少。该物种已被列入国家林业局2000年8月1日发布的《国家保护的有益的或者有重要经济、科学研究价值的陆生野生动物名录》。

狍食性广、耐粗饲，养狍经济效益显著。狍子的配偶关系是一雄一雌，偶而也有一雄二雌者。每年8～9月份发情，次年4～5月份产仔，一胎产1～3只，偶然也有产4～5只的。仔狍生下睁眼，毛干后就能走，但行走不稳。哺乳期2个月左右，断奶后仍随母兽生活。

仔兽两年性成熟。

目前，狍肉每公斤可卖 40～50 元，种狍一公二母可卖 6000 元，商品肉用狍一只可卖到 1000 元。

秋季森林造景中的野猪

野猪别名山猪，是家猪的祖先，杂食性动物，在庞泉沟很常见。野猪一般小群活动，但大公猪是单个活动的，鼻子是它有力的武器，东北俗话说"一猪二熊三老虎"，是指捕猎野猪是最危险的，它的鼻子一挥，碗口粗的树都能撞断，再加上大獠牙，像刺刀一样，猎人十分害怕。

【背景资料】野猪

野猪在庞泉沟和不少地方俗称山猪，它们广泛分布在世界各地。野猪是家猪的祖先，古人把它驯化成了家猪，但野猪与家猪相比，外貌已十分不同，成长速度也比家猪慢得多。

野猪白天通常不出来走动，一般早晨和黄昏时分活动觅食，中午时分进入密林中躲避阳光，大多集群活动，4～10 头的群体较常见。野猪喜欢在泥水中洗浴，雄兽还要花好多时间在树桩、岩石上摩擦它的身体，这样就把皮肤磨成了坚硬的保护层，可以避免在发情期的搏斗中受到重伤。

野猪的鼻子十分坚韧有力，嗅觉特别灵敏，有利于挖掘土壤并寻找食物，它们可以用鼻子分辨食物，甚至可以搜寻出埋于2米厚积雪下的一颗核桃。野猪的食物很杂，在庞泉沟，它们冬天喜欢居住在向阳山坡的辽东栎树林中，因为那里温暖避风，而且栎林落叶层下有大量橡果，野猪要靠它度过寒冬。夏季，阴坡的各种山林内，到处都有野猪生活的良好场所，它们喜欢居住在离水源近的地方，在泥水中洗浴。此时它们的食物丰富多样，青草、土壤中的蠕虫等，有时还偷食地面巢里野鸡的卵和雏鸟。秋季庄稼成熟，它们还经常危害土豆等农作物。有记载说，野猪能捕食野兔、老鼠等，还能捕食蝎子和蛇。它们是否对毒素有免疫力，目前科学界还没有一致的说法，但是野猪吃了这些危险食品，看起来安然无恙，没有任何痛苦的样子。

野猪的天敌有狼、豹、猛禽等野生动物，但人的猎杀对野猪来说则是最危险、最可怕的。猎捕野猪对人来说也是一件危险的事，野猪的鼻子可以当作武器，猪嘴的獠牙尖锐，对猎狗和猎人威胁很大。野猪鬃毛和皮上粘有凝固的松脂，猎枪弹也不易射入。因此捕猎野猪时总要出动几支人马，分头围猎。他们用猎狗确定野猪的位置，从密林丛中把野猪赶出来，再用猎枪捕杀。受伤的大公猪有时会疯狂地向猎人攻击，那场景令人惊恐万状。

野猪是"一夫多妻"制。发情期雄兽之间要发生一番争斗，胜者自然占据统治地位。有趣的是，家猪与野猪也常常"结合"。在深山密林中，山民们饲养的母猪到了发情期，有时很难找到配偶，于是便"私奔"到林内，与野公猪自由恋爱，私定终身。"蜜月"度过之后，野公猪便把"新娘"送出森林，分手时还长时间驻足林缘，昂首翘望，依依不舍。4个月过后，爱情的结晶便降生了，小猪崽也是花色的，有黄白色条纹的，有黄黑相间的，既不同于纯种的野猪崽，又与家猪有所区别。小猪长得既快又壮，肉为瘦肉型，营养价值很高，这无疑又给人们带来了野猪开发的思路。

生态景观中的獾

　　除体形较大的野猪、狍、野兔等动物外，这里还有鲁迅小说《故乡》中的獾，它的油可治烫伤；还有豹猫，也就是俗称的野猫，是褐马鸡的一种主要天敌；还有全身长刺的刺猬、会飞的蝙蝠。森林里最多的是鼠类，有白天活动的岩松鼠、花鼠，有黑夜出来活动的棕背鼠平、大林姬鼠、社鼠，有整天躲在地下的中华鼢鼠、麝鼹、小鼩鼱……林林总总，数不胜数。鸟类中的猫头鹰、鹰类是它们的天敌。

　　【背景资料】搬上文学作品的獾

　　在我们中学课本里，鲁迅的小说《故乡》一直是一篇经典的范文，目前被选在初中九年级《语文》课本下册，其中这一段文字也许能引起大家的记忆："蓝的天空中挂着一轮金黄的圆月，下面是海边的沙地，都种着一望无际的碧绿的西瓜。其间有一个十一二岁的少年，项带银圈，手捏一柄钢叉，向一匹猹尽力地刺去。那猹却将身一扭，反从他的跨下逃走了。"

　　那么，"猹"是什么动物？鲁迅的作品很多篇章被译成多国文字，前苏联有位翻译家，在把《故乡》译成俄文时，让"猹"给难住了，翻译家查遍了动物学书籍，也没有查到"猹"的记载。翻译家只好写信给鲁迅先生的一位好友，托他向鲁迅本人请教"猹"的来龙去脉。

1929年，著名教育家、出版家舒新城在编纂《辞海》时，为了这个"猹"字，去信请教鲁迅，大概是希望弄清这个字的出处和释义。1929年5月5日，鲁迅在致舒新城的信中，自己作了解释："'猹'字是我据乡下人所说的声音，生造出来的，读如'查'。但我自己也不知道究竟是怎样的动物，因为这是闰土所说，别人不知其详。现在想起来，也许是獾吧。"鲁迅没有想到的是，"查"是个多音字，既可读chá，也可读zhā。以"查"为声符的"猹"该读什么呢？中学语文界曾一度为此引起争议。

也许是因为鲁迅"生造"的，舒新城主编的1936年版《辞海》中没有收录这个"猹"字。新中国成立后修订的《辞海》收录进去了，释义为"獾类的野兽。"《现代汉语词典》根据鲁迅致舒新城的信等收了"猹"字，注音为"chá"，释义为"野兽，像獾，喜欢吃瓜（见于鲁迅小说《故乡》）。当代致力于"红学"语言、文字学和编辑学研究的专家傅憎享先生认为："辞书理应据实指出猹是鲁迅小说《故乡》中的特造字，义释暂付阙如，而不应坐实为'野兽，像獾，喜欢吃瓜'。因此《现代汉语词典》自降身价，而错过了典范的良机。"

由于獾常危害农作物，又有较高的经济价值，我国不少地方的农村对獾有了解，并有民间猎獾的习俗。《少年文艺》2011年第04期，就登载了杨国显的一篇文章《熏獾》，生动地描绘了獾的生活习性：

"久违故乡好多年，童年熏獾时的缕缕青烟还在眼前飘荡，挥之不去。我在豫南伏牛山中出生、长大。在坷垃窝和石头堆里艰难生长的孩子，无法看到大山以外的天空，常常奔走在秀色可餐的山野间，捕捉千奇百怪的童趣。"

"记得40多年前初夏的一天，我邀上几个伙伴去山中熏獾。别看我们只有十来岁，提及熏獾的话题谁都说得头头是道。早听大人们说过，獾是昼伏夜出的哺乳动物，喜欢白天在洞穴里懒睡，夜间出来觅食草根；它的趾爪锐利无比，钻山打洞的本领绝对一流，往往顺着石缝能将一座山打通，洞长数百米。直到后来，我在铁道兵某部打隧道期间，一想起獾的打洞本领，就深感汗颜。"

"我们翻山越岭，漫山遍野寻觅獾的踪迹。山峰越来越陡，树林越来越密，阵风吹过，黛色的林莽滚动着瘆人的气息……'这儿有獾！'忽听同伴喊，我们齐刷刷地围过去。只见石壁的根部有个比碗口还粗的深洞，洞口的沙地上，布满了密密麻麻的小蹄印。我们屏息凝眸，认真判断着蹄印的走向：确认洞里有獾。之后，我们又找到了獾洞的出口，用石头堵死……"

事实上，獾是食肉目鼬科獾属兽类的通称，体毛一般为灰色，腹部和四肢黑色，头部有三条白色纵纹。趾端有长而锐利的爪，善于掘土，穴居，昼伏夜出。我国有3种：狗獾、猪獾和鼬獾，各地均有分布，以狗獾和猪獾常见。獾的食性很杂，喜食植物的根茎、玉米、花生、菜类、瓜类、豆类、昆虫、蚯蚓、青蛙、鼠类和其他小哺乳类、小爬行类等。

獾是一种皮、毛、肉、药兼具的珍贵野生经济动物。皮是经济价值较高的皮毛，是制作高级裘皮服装的原料。獾毛还可制作高级胡刷和油画笔。獾肉可食，味道鲜美，营养丰富，是席上的佳肴。獾油是治疗烫伤、烧伤的有效药物。

四、猴子生态造景

导语

一棵高大的云杉树上，一只老猴蹲在树枝，高处一只小猴手抓树梢，正在嬉闹。树下的草地中是成群的野鸡，树后的森林里是形形色色的鸟类。

庞泉沟没有野生猴子，这些猴子是从山西省东南部中条山的蟒河自然保护区引来的，野外放养繁殖成功，在大沙沟旅游景区，可以见到它们。高处的小猴子是因为贪玩吊在褐马鸡人工饲养大棚呢绒网上，上吊自杀的。蹲在树上的老猴因犯三条罪状，而被判处死刑。第一条是拦路抢劫，就是抢翻游客的包要吃的；第二条是无故伤人，就是不明事理，咬逗它玩的小孩；第三条是"调戏"妇女，就是扒美女的裙子，其实它是一只孤独可怜的母猴子。

【背景资料】庞泉沟的猴子

在庞泉沟大沙沟旅游，幸运的话，会遇到一群可爱的猴子，给你的旅途增添无限的情趣。猴群有七八只，年长的猴王身体强壮，威严而立，余下的三三两两。有的还拖儿带女，怀里带着一个吃奶的小家伙，时而探头探脑，显得机灵可爱。还有

人工饲养的猕猴

一只后腿残疾，用"双手"倒立前行的，憨态有趣可笑。猴群显然不再怕人，它们并非拦路抢劫，仅是想从游客那里得到一点美食的

施舍，而后心满意足离去。

　　猕猴是保护区于 1989 年从中条山林区的蟒河国家级保护区引进的，当时一家子一夫二妇。1995 年进行野放试验后，开始生儿育女，繁殖后代，已在大沙沟安家落户十几年。历史上北京燕山有猕猴分布，此前猕猴分布的最北界是山西南部的中条山，庞泉沟大沙沟的猕猴野放繁殖成功，使猕猴的最北分布线移到吕梁山，北移 3 个纬度，近 500 公里。

　　猕猴的食物多种多样，以树叶、树皮、野果等为食，喜食水果、蔬菜、农作物和加工食品，是素食主义者。现在庞泉沟饲养的这群猕猴有十几只，在半野生状态下进行人工饲养，由饲养员定时投食玉米、葫萝卜等。

　　猕猴群体内等级制度极严，它们的首领是猴王，一般是身强体壮的公猴，在激烈争斗中击败对手，才能登上猴王的宝座。猴王在猴群成员中享有绝对的权力，处于霸主地位。饲喂食物，首先由它先吃饱，其他猴子方可进食。只允许自己与母猴进行交配，发现其他的公猴交配，立即进行咬斗，直到对方战败认输，听从它的，若不听从，则被驱逐出群体。早年有一只称"二公猴"的猴子，曾与它的"父王"争夺王位，战败后，就携一位妹妹出走，另立门户。

　　猕猴常年栖身在周围的针阔混交林，白昼觅食，夜间安息。其行动敏捷，十分机警，喜打爱斗，善攀援跳跃，多在附近的悬崖峭壁和树上玩耍。每年冬季 12 月份至第二年的 1 月份进行交配，5～6 月分娩，怀孕 6 个月，每胎产 1 仔，每年繁殖 1 次。

　　现在这群猕猴经工作人员的驯化，能听懂饲养员的声音，只要饲养员一叫，听到呼声，就会立即回来，但回来后，就必须给一定的慰劳品，否则以后的呼叫就会逐渐不灵。为了得到奖赏，在饲养员的指挥下，这群可爱的猴子还常常为游人表演一些小节目，游人特别喜爱。

在庞泉沟的森林环境里，一年四季生活的鸟类，是留鸟。最常见的大型鸟类有野鸡，它们在地面营巢，秋冬成群活动。山噪鹛巢建在灌木的枝杈间，它是画眉亚科的一种，和南方的画眉鸟一样，叫声也很好听。红嘴蓝鹊、灰喜鹊、松鸦、星鸦都是常见的森林留鸟。这里还有冬天的赤颈鸫、太平鸟、小小的燕雀，夏天的戴胜等也很常见。

生态景观中的野鸡

【背景资料】野鸡及其利用

野鸡的动物学名字叫雉鸡。雄鸟羽色华丽，颈部金属绿色中嵌一鲜亮的白色颈圈，故又名环颈雉。雌鸟的羽色暗淡，尾羽也较短。

野鸡广泛栖息于我国各地低山丘陵地区，杂食性。春季分散活动，求偶配对，一雄多雌。夏季繁殖和育雏，营巢于草丛或灌丛中的地面，1年繁殖1窝，每窝产卵较多，常见几到十几枚，繁殖力强。秋季幼雏喜群居一起，冬季长成之后也是群居，少者三五只，多者十几二十只。在庞泉沟的林缘地边，不时可以见到成群结队的野鸡。群鸡很难靠近，距离70米以外就飞起。飞行速度较快，但飞行不持久，飞行距离不大。落地后，又马上隐避地向前转移而去。如果是隐蔽好的话，有时人走至很近，才突然飞起。

野鸡自古就是猎户的主要猎物。我国现代著名散文家吴伯箫，在1962年三年经济困难时期，创作作品《猎户》，长期被选入高中语文课本。《猎户》主要记叙红石崖林牧场打豹英雄董昆和他的打猎小组的事迹，这是一篇生动真实、平中见奇的散文，文中就有野鸡生活的画面。

"走下一道山岗，沿着一条鹅卵石的河道进山。潺潺的流水，一路奏乐作伴。路旁边，一会儿噗楞一声一只野鸡从草丛里飞起，那样近，仿佛伸手就可以捉住似的。可是太突然，等不到伸手，它已经咯咯咯地飞远了……你的眼睛紧紧跟着那模糊的踪影，它会把你的视线带进一带郁郁苍苍的山窝。那山窝就是红石崖。"

狩猎野鸡一般是在秋冬季，这是野鸡数量在一年中最多的时候。我国古代劳动人民在长期的生产活动中，养成良好的保护野生动物的社会风尚。在周文王时期，就有"山林非时不升斤斧，以成草木之长；川泽非时不入网罟，以成鱼鳖之长；不麑不卵，以成鸟兽之长。畋猎唯时，不杀童牛，不夭胎"的规定，也就是说，无论是砍伐树木，还是捕鱼，还是打猎，都要限定在一定的时间之内，不能毫无节制。对于年幼和怀孕的动物，不要捕杀。宋代的法律还明确规定："民二月至九月，无得采捕虫龟，弹射飞鸟。"在民间，"春天不狩猎"、"不猎杀幼小、母性"，长期以来已成为猎户的公德，使得野鸡等野生动物资源一直能够可持续利用，就在20世纪五六十年代，各地的山区还能养活不少猎户。目前，随着野生资源加强保护，农村生产力的发展，专业的猎户已经很少存在了。自然保护区更不允许随便打猎。

在我国"加强资源保护、积极驯养繁殖、合理开发利用"野生动物资源的方针下，野鸡以其外貌美观、禽肉坚实而细嫩、味道鲜美而营养丰富，以及生长速度快、抗病力强等优点而备受人们的欢迎。专业的狩猎场应运而生，通过人工放养野鸡进行经营活动。在广东尤其是珠三角一带，饲养野鸡的规模迅速扩大，在珍禽养殖业中占有相当的比例。

五、鸟天堂——候鸟迁徙的"驿站"

导语

从一层的褐马鸡生态展厅、冬日景观到二层的秋日景观、猴子生态造景，在目睹庞泉沟大型动物的同时，景观中形态各异的鸟类标本，不知不觉中已把您带到到鸟类的世界。

我国古人称鸟类是"二足而羽"的动物。现代科学研究知道，鸟类是由古代爬行动物恐龙中的一支进化而来的，它们属于恒温动物，繁殖后代的方式是产卵和孵化。鸟巢是鸟的家，类型多种多样，有树冠巢、地面巢、树洞巢、水面浮巢等。在生物圈中，鸟巢在控制昆虫和传播植物种子等方面扮演着十分重要的角色。

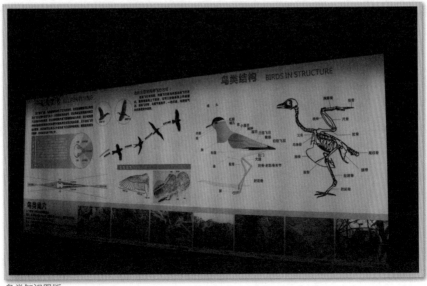

鸟类知识图版

飞翔是鸟类特有的技能，为了能飞，它们的身体结构产生了与飞翔的许多适应，如具有翅膀和羽毛、骨骼较轻等。它们中的许多种类有迁徙的习性，有的甚至可以飞行成万公里，飞越喜马拉雅山，鸟类学上称这些迁徙的鸟为候鸟，候鸟进一步又可分为夏候鸟、冬候鸟和旅鸟。不迁徙的鸟是留鸟。

庞泉沟共发现有189种鸟类，有46种是在地主，即留鸟；143种为外来户，即候鸟，占到所有鸟种的75.7%。

每年春天3～4月和秋天9～10月，大批的候鸟都要迁徙经过庞泉沟，不少种类是中日和中澳候鸟保护协定中的种类。一些鸟类学家分析，许多森林鸟类，很可能是沿山西吕梁山脉南北迁飞，这里的人为活动相对较少，有鸟类较为适宜的生活森林环境，特别是山清水秀的庞泉沟，像古代的"驿站"一样，迁徙鸟类能在这里短暂停息，所以，庞泉沟保护区的生态保护价值之一就是：候鸟迁徙的"驿站"。

【背景资料】鸟类的迁徙

鸟类随着季节变化、沿着确定方向、有规律的长距离迁居活动称为鸟类"迁徙"。在动物界中，类似的活动很常见，在昆虫中称为"迁飞"，在鱼类中称为"洄游"，在哺乳动物中则称为"迁移"。

鸟类的迁徙习性与它的"返巢本性"有关，这种"返巢本性"反映出它们对于自己出生故乡的眷恋以及寻找旧居的能力。许多初生的鸟类，在第二年繁殖季节，便顺利地返回旧巢。有人曾捕获并饲养了一只雕鸮，13年后，这只获得了自由的鸟儿竟然能回到离故址不到2公里的地方。

虽然鸟类迁徙行为的起源至今没有定论，但较多学者认为：地球上交替出现的冰川期与鸟类迁徙行为的起源关系密切。冰川活动期，生活在较高纬度区域的鸟类被冰川逼迫南移，冰川北退后，这些出于本能南移的鸟类，又迁回高纬度的繁殖地，从而形成迁徙的行为。根据迁徙行为，可以将鸟类分成不同的居留类型，即留鸟和候鸟。

留鸟是那些没有迁徙行为的鸟类，它们常年居住在出生地，大部分留鸟终身不离开自己的巢区，如北方较常见的乌鸦、喜鹊和麻雀。庞泉沟的189种鸟类中，留鸟有46种。有一些物种，如褐马鸡，会根据季节的变化在高海拔和低海拔之间进行迁移，这种迁移叫做"垂直迁徙"，虽然名为迁徙，但仍然是留鸟的一种普通行为。

候鸟是那些有迁徙行为的鸟类，它们每年春、秋两季沿着固定的路线来往迁飞，往返于繁殖地和避寒地之间。在不同的地域，根据候鸟出现的时间，可以将它们分为夏候鸟、冬候鸟、旅鸟和迷鸟。

候鸟如果冬天生活在它的避寒地，则视为冬候鸟。庞泉沟有冬候鸟20种，较常见的是赤颈鸫。候鸟夏天在它的繁殖地，则为夏候鸟，庞泉沟有51种，如北方较常见的家燕。往返于避寒地和繁殖地途中所经过的区域则为旅鸟，如鸳鸯等，庞泉沟的旅鸟是迁徙候鸟的主要成分，有63种之多。在鸟类的迁徙中，由于天气恶劣或者其他自然原因，一些鸟类偏离自身迁徙路线，出现在本不应该出现的区域，这就是迷鸟。庞泉沟保护区在1992年秋季，采集到1只北蝗莺，是山西省鸟类的一种新记录，1995年在《四川动物》发表了论文，就是迷鸟。

鸟在迁飞时有固定的队形，这样可以有效地利用气流，减少迁徙中的体力消耗。雁鸭类的鸟，鹭、鹳、鹤等体形较大的鸟，通常采用"人"字或者"一"字的队形；雀形目等体形较小的鸟，常采用封闭群。封闭群的个体数量大小不一，多者如虎皮鹦鹉、灭绝前的旅鸽等，结群达上万只，迁徙时铺天盖地，经日不绝。大型鸟类以及猛禽由于体形较大或由于性情凶猛天敌很少，因而常常在白昼迁徙，夜间休息，以便利用白天的上升气流节省体力。但是更多的候鸟，包括体形较小的食谷鸟类、涉禽、雁鸭类等，则多选择夜间迁徙。

鸟类的迁徙距离可达数千公里，它们靠什么来决定航向？这曾经是人类百思不得其解的自然之谜。科学家通过将野生鸟类捕捉后，套上标有唯一编码的脚环等标志物，再放归野外，用以搜集研究鸟类的迁徙路线，这种现代环志研究起始于1899年的丹麦，至今，全球每年有超过百万只鸟类被环志。随着雷达、飞行跟踪和遥感技术等更先进的方法得到应用，人们逐渐解开了鸟类的迁徙之谜。

　　鸟类在飞行时，往往主要依靠视觉。在白昼迁徙的鸟类是根据太阳来定位的，夜间则是根据星空定位。另有一种观点认为，鸟类拥有适应空中观察的敏锐视力。在开阔环境中，人类的视野半径为9.6公里，而在2000米高空飞行的鸟类，视野则为100公里，它们能够牢记迁飞广大地区的地貌特征，作为飞行的方向标志。最近的研究还表明，鸟嘴的皮层上有能够辨别磁场的神经细胞，被称为松果体，对迁飞起着重要作用。

　　对鸟类来说，迁徙绝非轻易之举。通常鸟类在飞越一个宽阔的海面和高大的山脉后，其体重会减轻一半，大批当年出生的幼鸟在迁徙途中或到达迁徙终点后都难逃夭折的命运。在迁徙的途中，来不及觅食、骤起的风暴、浩瀚的水域等，无时无刻都在吞噬着这些生灵。同时迁徙时间的早晚也蕴藏着危机，太早意味着北方的生活环境还被冰雪覆盖，过晚则会遭遇暴风雨的危险，而且还有无数人为的干扰：高大建筑物、无线电天线、灯塔与烟囱、与飞机相撞等，都潜伏在鸟类漫长的迁徙途中。

　　所以一些学者认为，鸟类的迁徙行为源于自然选择的压力，由于迁徙是鸟类生命周期中最为艰苦和死亡率最高的阶段，在迁徙过程中，鸟类要经历严苛的自然选择，有着这一行为的鸟类物种，会在生存竞争中占据有利地位，由此造就了鸟类迁徙的行为。

六、鸟类标本展柜

导语

　　二层西侧，大型的玻璃展柜内是一面巨大的"鸟墙"，大大小小、形态各异的鸟类标本，立体布置在墙面上。

鸟墙

　　这面"鸟墙"，展示出庞泉沟189种鸟类中之大部分种类，只有少数几种是庞泉沟没有的。"鸟墙"是按照鸟类的生活习性划分布展的，以便访客能够更容易看懂它们。

（一）陆禽

　　陆禽就是常在地上活动的鸟类，在庞泉沟，它们主要有鸡类。除褐马鸡外，石鸡也是一种鸡，俗名叫"嘎嘎鸡"。勺鸡，在山西省历山保护区有，是那里的主要保护

展柜里的陆禽

对象，为二级保护动物。雉鸡也就是我们平常说的野鸡，十分常见，但展柜里的这只白化的野鸡是很少见的，是保护区鸟类科研工作中的一个新发现。小的鸡类叫鹑，庞泉沟有野生的鹌鹑。

（二）游禽

游禽趾间有蹼，能在各种类型的水域活动，由于体形较大，在野外比较容易被观察到，如野鸭、大雁，还有南方渔翁捕鱼的鱼鹰——鸬鹚等。

鸳鸯，在庞泉沟为旅鸟。每年春天，在庞泉沟的河里都可见到。鸳鸯雌雄颜色差别大，常是成对活动，是我国的"爱情鸟"。

鸳鸯

【背景资料】中国爱情鸟

鸳鸯，雄的羽毛美丽，雌的全体苍褐色，差别甚大，易于辨认。它们经常成双入对，时而跃入水中，引颈击水，追逐嬉戏，时而又爬上岸来，抖落身上的水珠，用橘红色的嘴精心地梳理着华丽的羽毛……此情此景，勾起多少文人墨客的翩翩联想。

司马相如，汉赋的代表作家，后人称之为"赋圣"。鲁迅在《汉文学史纲要》中指出："武帝时文人，赋莫若司马相如，文莫若司马迁。"司马相如与卓文君的私奔故事也广为流传。

凤兮凤兮归故乡，遨游四海求其皇。

时未遇兮无所将，何悟今兮升斯堂！

有艳淑女在闺房，室迩人遐毒我肠。

何缘交颈为鸳鸯，胡颉颃兮共翱翔！

皇兮皇兮从我栖，得托孳尾永为妃。

交情通意心和谐，中夜相从知者谁？

双翼俱起翻高飞，无感我思使余悲。

司马相如在这首流传千古的《凤求凰》里，用"何缘交颈为鸳鸯"这种在今天看来也是直率、大胆、热烈的措辞，自然使得在帘后倾听的卓文君怦然心动，并且在与司马相如会面之后一见倾心，双双约定私奔，完成了两人生命中最辉煌的事件。

汉代《乐府诗集》中的《孔雀东南飞》这样描写："其日牛马嘶，新妇入青庐。奄奄黄昏后，寂寂人定初。我命绝今日，魂去尸长留！揽裙脱丝履，举身赴清池。府吏闻此事，心知长别离。徘徊庭树下，自挂东南枝。两家求合葬，合葬华山傍。东西植松柏，左右种梧桐。枝枝相覆盖，叶叶相交通。中有双飞鸟，自名为鸳鸯。仰头相向鸣，夜夜达五更。行人驻足听，寡妇起彷徨。多谢后世人，戒之慎勿忘。"《孔雀东南飞》这部我国古代诗歌上的"双璧"（《木兰诗》和《孔雀东南飞》），记述焦仲卿和妻子刘兰芝的动人爱情故事，他们为反对封建家庭礼教双双殉身后，便化作了"鸳鸯"鸟。

晋崔豹撰的《古今注》是一部对古代和当时各类事物进行解说诠释的著作，其中记述："鸳鸯，水鸟，凫类也，雌雄未尝相离，人得其一，则一者相思死，故谓之匹鸟"。李时珍在《本草纲目》中也说到鸳鸯，"终日并游，有宛在水中央之意也。或曰：雄鸣曰鸳，雌鸣曰鸯。"也有人认为"鸳鸯"二字实为"阴阳"二字谐音转化而来，取此鸟"止则相偶，飞则相双"的习性。由此可见，鸳鸯在古人的心目中是永恒爱情的象征，是一夫一妻、相亲相爱、白头偕老的表率，甚至认为鸳鸯一旦结为配偶，便陪伴终生。

基于人们对鸳鸯的这种认识，我国历代还流传着不少以它为题材的、歌颂纯真爱情的美丽传说和神话故事。晋干宝《搜神记》卷十一《韩妻》中就有这样的记载：古时宋国有个大夫名韩，其妻美，宋康王夺之。怨，王囚之。遂自杀。妻乃阴腐其衣。王与之登台，自投台下，左右揽之，衣不中手而死。遗书于带曰：愿以尸还韩氏，而合葬。王怒，令埋之二家相对，经宿，忽有梓木生二冢之上，根交于下，枝连其上，有鸟如鸳鸯，雌雄各一，恒栖其树，朝暮悲鸣，音声感人。

唐代诗文兴盛，作为"爱情鸟"的鸳鸯，经常被文人墨客引用。卢照邻《长安古意》诗中有"得成比目何辞死，只羡鸳鸯不羡仙"一句，赞美了美好的爱情，领袖诗坛，文人竞相效仿。李白有："七十紫鸳鸯，双双戏亭幽"，杜甫有"合昏尚知时，鸳鸯不独宿"，孟郊有"梧桐相持老，鸳鸯会双死"，杜牧有"尽日无云看微雨，鸳鸯相对浴红衣"。崔珏还因一首《和友人鸳鸯之诗》："翠鬣红毛舞夕晖，水禽情似此禽稀。暂分烟岛犹回首，只渡寒塘亦并飞。映雾尽迷珠殿瓦，逐梭齐上玉人机。采莲无限蓝桡女，笑指中流羡尔归。"而名声大振，被称为崔鸳鸯。白居易的《长恨歌》中的"鸳鸯瓦冷霜华重，翡翠衾寒谁与共"，把唐玄宗对杨贵妃的思念之情描绘得情真意切。

鸳鸯作为中国古代爱情象征，在文化中相继传承，经久不衰。唐温庭筠《南歌子》词："不如从嫁与，作鸳鸯。"明冯梦龙《醒世恒言》中有《乔太守乱点鸳鸯谱》一篇，笔者叹道："鸳鸯错配本前缘，全赖风流太守贤。"当代著名作家鲍昌《庚子风云》第二部第九章："话说回来，要是咱们远远飞出去，做一对野地鸳鸯，以后也不好回来见我的娘亲了。"当代黄梅戏电影《天仙配》中名段《树上的鸟儿成双对》："树上的鸟儿成双对，绿水青山带笑颜。你耕田来来我织布，你挑水来我浇园。寒窑虽破能避风雨，夫妻恩爱苦也甜，从今不再受那奴役苦，夫妻双双把家还。你我好比鸳鸯鸟，比翼双飞在人间"，更是脍炙人口。

鸳鸯和比翼鸟不同，比翼鸟是中国古代传说中的鸟名，又名鹣鹣、蛮蛮。此鸟仅一目一翼，雌雄须并翼飞行，故常比喻恩爱夫妻，亦比喻情深谊厚、形影不离的朋友。

鸳鸯是现实生活中一种美丽的禽鸟，中国传统文化又赋予它很多美好的寓意。自古以来，在"鸳侣"、"鸳盟"、"鸳衾"、"鸳鸯枕"、"鸳鸯剑"等词语中，都含有男女情爱的意思。人们常将鸳鸯的图案绣在各种各样的物品上，送给自己喜欢的人，以此表达爱意。直到今天，"鸳鸯戏水"还是我国民间常见的年画题材，鸳鸯仍然是文艺家们经常表现的对象，它在国人的心目中已是永恒爱情的象征了。

大天鹅标本

　　现在研究发现，鸳鸯一只死后，另一只是会另找伴侣的，真真忠贞于"爱情"的鸟是大天鹅。

　　大天鹅保持着一种稀有的"终身伴侣制"。在山西省它们是旅鸟，春秋迁徙季节在运城的黄河湿地每年都可见到，而后飞到遥远的西伯利亚等北方繁殖。它是世界上飞得最高的鸟类之一，能飞越世界屋脊——珠穆朗玛峰，最高飞行高度可达 9000 米以上。雌天鹅在产卵时，雄天鹅在旁边守卫着，遇到敌害，勇敢地与对方搏斗。它们不仅在繁殖期彼此互相帮助，平时也是成双成对，如果一只死亡，另一只要为伴侣"守节"，终生单独生活。

（三）涉禽

　　与"爱情鸟"鸳鸯、大天鹅不一样，有种大鸟的名声就不大好听了，它的名字叫大鸨，就是妓院老鸨的"鸨"字。大鸨是鸟类中比较特别的一种，鸟类中大部分是一夫一妻或一夫多妻，而大鸨则是一妻多夫，由此人们想到旧时妓院的老鸨，它便由此得名。

大鸨为一种大型涉禽，涉禽包括鹳形目、鹤形目、鸻形目，大鸨属鹤形目鸨科鸟类。它也是国家一级重点保护动物，栖息于广阔草原、半荒漠地带及农田草地，通常成群一起活动，这种鸟在庞泉沟没有分布，标本是件"外来户"，在山西省内有它的分布。

大鸨标本

【背景资料】大鸨名称的传说

大鸨在今天已是一种十分珍稀的鸟类，特点是足有三趾，善奔跑。它名称中的"鸨"字很特别，大有来头。

一些媒体说：古时候有一种鸟，它们成群生活在一起，每群的数量总是七十只，形成一个小家族，于是乎把它的数量联系在一起，在鸟字左边加上一个"七十"字样，就构成了"鸨"。但这种说法似乎有失科学，"七"和"匕"两个字无论从字面，还是意思，差别很大，我国的古人大概不会如此稀里糊涂地创造出一个汉字。

不过古代民间对于大鸨的传说不少，特别是大鸨是百鸟之妻的传说，由来已久，明朝李时珍认为"鸨无舌……或云纯雌无雄与其他鸟合"。清朝《古今图书集成》中也有："鸨鸟为众鸟所淫，相传老娼呼鸨出于此。"……事实上，古代鸟类研究不很发达时期，人们发现草原上有一种奇怪的大鸟，只有雌性没有雄性。由于总是找不到雄性，所以人们以为该鸟可以与其他所有鸟类交配来繁衍后代，称之为"淫鸟"。实际上大鸨雄鸟体型甚大，而雌鸟体型较小，二者差别较大，被误认为与其他鸟交配繁殖。

古人称妓女为鸨，把掌管妓院的"妈妈"叫老鸨。把鸨同妓女联系在一起，起源于明朝宋权的《丹丘先生论曲》："妓女之老者曰鸨。鸨似雁而大，无后趾，虎纹。喜淫而无厌，诸鸟求之即就。"现代文学家聂绀弩《论鸨母》说："鸨，淫鸟，借指妓女。"

汉字的创造，是很有讲究的，必以实际观察为基础，并非想当然。

鸨字的左半从"匕"加"十"，应该是有所指的，即与所谓喜淫有联系。《说文》对此没有说明，在《六书正伪》中说左上半的"匕"是"比之省也。从十，十，相比"。这个解释是一种避讳，说白了，匕是雌性生殖器的符号，十是雄性的符号，"匕"加"十"也就是交配的意思。类似的字还有"雉鸡"的"雉"字。雉是隹旁从矢，矢以音符，指雉字发音如矢，但还有深一层的含意，即"雉"短距离的一飞一停，飞行距离约一箭（矢）之遥，故名。

　　古代草原上栖息的雉、雁和鸨都很多，它们到发情时都有交配行为，但因为只有鸨的身躯肥大，最不善飞，故人们容易观察到鸨的交配情况，留下鸨喜欢交配的印象，并创造了这个字。

黑鹳标本

　　黑鹳、苍鹭、白鹭等这些鸟都是涉禽，它们的特点是"三长"，即嘴长、腿长、脖子长，能站在水边捞食物吃。

　　黑鹳形态婀娜傲立，俗称"捞鱼鹳"，嘴腿赤红、黑背白胸，属国家一级重点保护动物，在庞泉沟是夏候鸟，主要食物为鱼、蛙等。

【背景资料】黑鹳

　　黑鹳是一种大型的湿地鸟类。体态优美，体色鲜明。它鲜红色的嘴长而直，脖子和腿也较长，身上的羽毛除胸腹部为纯白色外，其余都是黑色，在不同角度的光线下，可以映出变幻多端的绿色、紫色或青铜色的金属光辉，尤以头、颈部更为明显。

对于非专业人士来说，鹳与鹤难于区分。共同点是：它们都是大型涉禽，引人注目。栖息在湖泊、沼泽等湿地，具有相当稳定的"一夫一妻"关系，活动敏捷，性情机警。但在分类上，它们却属于不同的"目"，即鹳形目和鹤形目。

国人常以"松鹤延年"祝寿、祝福，但事实上，鹤并不栖息于树上，相反，倒是鹳常栖息在树上，这个奥秘就在它们的脚上：鹳与鹤的脚都有4趾，前3后1，鹤的后趾稍短且稍高，而鹳的后趾稍长，且与前3趾在一平面上。所以鹳才能握住树枝从而上树，而鹤的短而高的后趾使它无法握住树枝，也就不能上树了。古代诗画家们观鸟，把高栖树冠的鹳与一鸣惊人的鹤视为同类。但是从科普的角度讲，应弄清楚"松鹤延年"实为"松鹳延年"或"松鹭延年"。

鹳形目鸟类包括鹭、鹳和鹮，均是在水泽觅食而多营巢于树上的大型鸟类。鹳类鸟全世界共17种，国内常见的只有白鹳和黑鹳。黑鹳在国外的分布很广，繁殖在从欧洲北部斯堪的纳维亚半岛南部、往东经整个欧亚大陆到俄罗斯远东地区，大约在北纬40°～60°的整个区域，也繁殖在南非。越冬在非洲和亚洲南部。欧洲许多地方现仍有爱鹳的习俗，招引鹳来筑巢、繁殖。人们将住满白鹳的街区、村落称为"白鹳村"。

黑鹳平时单独活动，飞翔时头颈和腿伸直，缓慢地扇动巨大的双翅，姿态优雅美观。在庞泉沟保护区，每年夏天可以见到黑鹳，为夏候鸟，并有繁殖的记载。黑鹳在大树或悬崖上的石隙中筑巢，每窝产卵3～5枚。食物主要是鱼类，其次为蛙，也食昆虫、蛇和甲壳动物。秋天飞往南方越冬，迁飞时结群活动。

成年的黑鹳声带退化，不会发出叫声，但能用上下嘴快速叩击发出"嗒嗒嗒"的响声，这一点和鹤不同，鹤可以发出响亮的叫声。据环志观察，最老的环志鸟在18年时回收。

黑鹳具有较高的观赏和展览价值。在北京、哈尔滨、天津、济南、西宁、银川、兰州、合肥、杭州等动物园均有饲养，据笼养条件下的观察，最高寿命可达31年。为国家一级重点保护动物，由于近年数量急剧减少，已被列入《濒危野生动植物种国际贸易公约》中的濒危物种，珍稀程度不亚于大熊猫，专家多认为其数量还在下降。

山西省灵丘县具有独特的生态环境和较为丰富的生物资源，历史上就是黑鹳主要栖息繁殖地之一，也是黑鹳种群的集中分布区。2002年6月，省政府批准建立了黑鹳省级自然保护区，中国野生动物保护协会授予灵丘县"中国黑鹳之乡"称号。

杜甫的绝句中有"一行白鹭上青天"，苍鹭和白鹭是近亲，在庞泉沟都有。它们飞行时颈缩成'Z'字形，常单独长时间在水边站立不动，等待鱼儿"上钩"，所以不少地区称它为"长脖老等"。

（四）攀禽

这类鸟最明显的特征是它们的脚趾两个向前，两个向后，有利于攀缘树木。

在这类鸟当中，有"森林医生"啄木鸟，它每天啄木几千次，却得不了脑震荡。还有叫声响亮、难见其形的杜鹃鸟，庞泉沟有四声杜鹃、大杜鹃、鹰头杜鹃等5个种类，都是夏候鸟。杜鹃是有名的文化鸟，杜鹃啼血和鸠占鹊巢讲的就是它们的故事。还有常年生活在水边，靠捕捉水中小鱼等为食的翠鸟、蓝翡翠、冠鱼狗、戴胜等美丽的佛法僧目鸟类。还有飞行高手雨燕，它们中在南亚地区的部分种类，用唾液在悬崖上营巢，就是被人们视为美食的"燕窝"。

啄木鸟标本

【背景资料】森林医生啄木鸟

啄木鸟是庞泉沟常见的留鸟，这里共有5种，它们是绿啄木鸟、斑啄木鸟、星头啄木鸟、黑啄木鸟和蚁䴕，以绿啄木鸟、斑啄木鸟和黑啄木鸟常见。

啄木鸟终生在树林中度过，它们在树洞中筑巢，生儿育女，在林间树干上螺旋式地攀缘搜寻昆虫，据研究，一只啄木鸟每天能吃掉大约1500条森林害虫，因此，它们又被称为"森林医生"。由于啄木鸟食量大和活动范围广，在13.3公顷的森林中，若有一对啄木鸟栖息，一个冬天就可啄食吉丁虫90%以上，啄食天牛80%以上。

1979年，加利福利亚的美国科学家May等人训练了一只啄木鸟，并用每秒能拍摄高达2000帧画面的高速摄像机进行记录。其结果是，啄木鸟每次啄木的时间仅8～25毫秒，头部最大速度达到7米/秒，击中树木后在短短0.5毫秒内便减速至零……也就是说，在啄木时的1/2000秒里，它的头部要承受1500倍重力加速度。

在这样的条件下，啄木鸟是怎样保证头部不受损伤的呢？

原来，啄木鸟的头骨十分坚固，由骨密质和骨松质组成，其大脑周围有一层绵状骨骼，内含液体，对外力能起缓冲和消震作用，它的脑壳周围还长满了具有减震作用的肌肉，能把嘴尖和头部始终保持在一条直线上，使其在啄木时头部严格地进行直线运动。假如啄木鸟在啄木时头稍微一歪，这个旋转动作加上啄木的冲击力，就会把它的脑子震坏。正因为啄木鸟的嘴尖和头部始终保持在一条直线上，因此，尽管它每天啄木不止，多达1.2万次，也能常年承受得起强大的震动力。

啄木鸟这种结构与功能相适应的现象，也是动物界普遍存在的生态学规律，它造就了形形色色的生灵，使每一种生命都达到与大自然的完美统一。生物如果遵循了这个法则，它就能够生存繁衍，否则就要被淘汰！

【背景资料】杜鹃的故事

春末夏初，当你在风景区内游览时，常常可以听到"布谷！布谷！"的叫声，或者是"早种包谷！早种包谷！"，或者是"不如归去！不如归去！"。这种声音清脆、悠扬、响亮，声传数里，非常悦耳动听。山民们都知道这便是"布谷鸟"。实际上，这是杜鹃鸟中的最常见两种——大杜鹃和四声杜鹃的叫声，"二声一杜"的是大杜鹃，"四声一杜"的是四声杜鹃。杜鹃常隐伏在树叶间，这两个种类外形很相似，平时仅闻其声，很少见其形，所以非专业人士一般难于区分。在人们的生活中，对它却颇有微词。

杜鹃标本

杜鹃古时又称"子规"鸟，它彻夜不停啼鸣，唤起人们多种情思。如果仔细端详，杜鹃口腔上皮和舌部都为红色，古人误以为它啼得满嘴流血。凑巧杜鹃鸟高歌之时，正是南方杜鹃花盛开之际，人们见杜鹃花那样鲜红，便把这种颜色说成是杜鹃啼的血。正像唐代诗人成彦雄写的"杜鹃花与鸟，怨艳两何赊，疑是口中血，滴成枝上花"。

真正"杜鹃啼血"的故事有着深厚的文化渊源。相传战国时期，在蜀这个地方，有一个从天上掉下来的男子，名叫杜宇，成年后自立为蜀王。杜宇宅心仁厚，是一位年轻有为的明君，蜀国在他的治理下日益强盛，当地的百姓对他十分尊敬，称他为望帝。

那时蜀国经常闹水灾，望帝也想尽各种方法来治理，但始终不能从根本上根除水患。有一年，忽然从河里逆流漂来一具男尸，人们见了感到十分惊奇，有好事者便把尸体打捞上来，更令人吃惊的是，尸体刚被捞上来，便复活了，开口讲话，称自己是楚国人，名叫鳖灵，因失足落水，从家乡一直漂到这里。这个消息让望帝知道后，便把他召来相见。两人一见面，便一见如故，谈得十分投机，大有相见恨晚的感觉。望帝觉得鳖灵是个难得的人材，便任命他为蜀国的宰相。

　　不久，蜀国又发生大洪水，与当年尧时候的洪水不相上下，老百姓死的死，逃的逃，蜀国人口锐减了百分之六七十。鳖灵受望帝的委任，担任了治理洪水的任务，他带领民众打通了巫山，使水流从蜀国流到长江。这样，使水患得到解除，蜀人安居乐业了。鳖灵在治水上立下了汗马功劳，杜宇十分感谢，便自愿把王位禅让给鳖灵。鳖灵受了禅让，号称开明帝。

　　鳖灵在成为国君之前，一直谨小慎微，可是，他成为国君后，便露出了凶狠、残忍的本性，立刻霸占了望帝的妻子。望帝此时已失去权势，心里十分悔恨，却没有任何办法。不久，望帝就抑郁而死，化为杜鹃鸟，日夜哼唱哀伤的曲子。

　　望帝生前爱护百姓，死后虽然化作杜鹃，也没有忘了自己的人民。每年间到了清明和谷雨这样的春耕大忙季节，他总是飞到田间地头，"布谷！布谷"地高叫，提醒百姓赶快耕种，不要错过农时。后来，秦国攻破蜀道，蜀国即将亡国，已化为杜鹃鸟的望帝内心十分痛苦，他便一声声地叫喊着："不如归去，不如归去"。蜀人听到这个声音，知道是他们的国君又在思念自己的故国了。

　　杜鹃鸟带上神话色彩，啼叫声又容易触动人们的乡愁乡思。自唐代以后，杜鹃鸟就被称为"冤禽"、"悲鸟"、"怨鸟"，无数文人墨客为其吟咏诉冤。唐李白诗云："杨花飘落子规啼，闻道龙标过五溪。"唐白居易《琵琶行》："我从去年辞帝京，谪居卧病浔阳城。浔阳地僻无音乐，终岁不闻丝竹声。住近湓江地低湿，黄芦苦竹绕宅生。其间旦暮闻何物，杜鹃啼血猿哀鸣。春江花朝秋月夜，往往取酒还独倾。"宋文天祥《金陵驿二首》："从今却别江南路，化作啼鹃带血归。"天长日久，杜鹃鸟被推上了"文化鸟"的宝座。

　　被称为"诗圣"的唐代大诗人杜甫，曾做诗《杜鹃》："西川有杜鹃，东川无杜鹃。涪万无杜鹃，云安有杜鹃。我昔游锦城，结庐锦水边。有竹一顷馀，乔木上参天。杜鹃暮春至，哀哀叫其间。我见常再拜，重是古帝魂。生子百鸟巢，百鸟不敢嗔。仍为喂其子，礼若奉至尊。鸿雁及羔羊，有礼太古前。行飞与跪乳，识序如知恩。圣贤古法则，付与后世传。君看禽鸟情，犹解事杜鹃。今忽暮春间，值我病经年。身病不能拜，泪下如迸泉。"

在这首《杜鹃》里，杜甫不仅用"我见常再拜，重是古帝魂"，追溯了"望帝化鹃"的故事，更主要的是有感于杜鹃的另一种独特的寄生习性，也就是"鸠占鹊巢"的故事。

成语"鸠占鹊巢"出自《诗经·召南·鹊巢》："维雀有巢，维鸠居上"，比喻强占别人的住屋或占据别人的位置。成语里有两种鸟，鹊和鸠，这里的"鸠"不是指鸠鸽类的斑鸠，是指杜鹃鸟，"鹊"即是喜鹊。但现代研究发现，并不见杜鹃在喜鹊巢里寄生，而是在一些雀类的巢果寄生。喜鹊是真正的筑巢高手，古人做如此的对比，很可能只是文学的想像，也可能古人把雀和鹊当同音假借字。由此看来，"鸠占鹊巢"，应该是"鸠占雀巢"。

实际上，杜鹃是营寄生性生活的鸟类。有人在动物王国挑选出了 10 大欺骗高手，并列了一个排行榜，杜鹃名列榜首。说它是一种残忍、专横的鸟，是鸟中流氓。对抚养后代极不负责，自己懒得做窝，将卵偷偷摸摸产在其他莺、雀等鸟的巢内，由别的鸟替它孵化、饲喂；小杜鹃也很凶残，不仅贪食，还将同巢养父母所生的小兄妹全都挤出巢外摔死，独享养父母的恩宠。

古希腊著名的哲学家、科学家亚里斯多德(公元前384～前322年)在他的名著《动物志》中就不客气地写道："杜鹃在群鸟中是以卑怯著名的，小鸟们聚集起来啄它时，它就逃之夭夭。"杜鹃为什么要逃？自然是明白自己做了亏心事。人们说它飞翔的时候，喜欢模拟鹰隼的姿态，"狐假虎威"地吓唬其他小鸟。

据说，在英国，杜鹃鸟的名声也不太好，"cuckoo"在英语里除指杜鹃或布谷鸟外，也有疯人、狂人、傻事、丑事之类的意思。20世纪70年代，美国有一部反映社会病态的电影《飞越疯人院》(One Flew Over the Cuckoo's nest)，直译就是《飞越杜鹃巢》，简直就把杜鹃巢和疯人院等同起来了，这部电影还获得1975年第48届奥斯卡最佳影片大奖哩！

（五）猛禽

猛禽的嘴、趾呈勾状，十分锐利，是食肉的鸟类。一般地说，猛禽有两大类：一类是隼形目，如秃鹫、金雕、老鹰等，另一类是鸮形目，即猫头鹰。我国将隼形目和鸮形目中的所有种全部列为国家重点保护动物。

秃鹫是体形最大的猛禽鸟类，有不少地区把秃鹫称为"座山雕"。它在庞泉沟是旅鸟，属国家二级重点保护动物，主要食

秃鹫标本

物是腐朽的尸体，所以鸟类学者称之为"清道夫"，在西藏人死后有天藏的习俗，就是这种鸟吃掉了人的尸体。

【背景资料】天葬文化与秃鹫

天葬是西藏古老而独特的风俗习惯，也是大部分藏民采用的丧葬方法。天葬，就是将死者的尸体喂秃鹫。秃鹫食后飞上天空，藏民则认为死者顺利升天。

西藏每个地区都有天葬的固定地点，即天葬场。天葬场多数是在离寺不远的山腰上，这些山腰都是较有名的。有的天葬场有一块大而平整的岩石，有的天葬场仅是一堆石块，有专门从事天葬的僧人被称之为天葬师。

藏民死后，要将尸体卷曲起来，头屈于膝部，合成坐的姿势，用白色藏被包裹，放置于门后右侧的土台上，请喇嘛诵超度经，停尸数日，择吉日出殡。出殡一般很早，死者家属要在天亮前，请背尸人将尸体送至天葬台。

太阳徐徐升起，天葬仪式开始。天葬台周围经幡翻卷，天葬台怀抱中央，天葬师守在尸体旁边。首先焚香供神，举起海螺，朝天吹响。然后，燃起"桑"烟，摇动铃彭，开始为死者送经超度。随

着柏树的浓烟升上空中，远处盘旋在天空中的秃鹫，便会落在天葬台不远的地方。

天葬师随即将尸体衣服剥去，按一定程序肢解尸体，肉骨剥离。骨头用石头捣碎，并拌以糌粑，肉切成小块放置一旁，最后用哨声呼唤秃鹫。群鹫应声飞至，争相啄食，以食尽最为吉祥，说明死者没有罪孽，灵魂已安然升天。如未被食净，要将剩余部分拣起焚化，同时念经超度。

藏族佛教信徒认为，如果人死而肉体不消失，则亡魂还有可能依附于原来的肉体上，从而无法转世。经过佛教的演绎，有着朴素唯物意识的藏民更加崇尚灵魂，看淡了肉体。把肉体喂鹫，彻底寂灭，当作一种功德，看作是灵魂转世的铺垫。据说，天葬是效仿释迦牟尼"舍身饲虎"的行为。

天葬寄托着一种升上"天堂"的愿望。点燃"桑"烟是铺上五彩路，尸体作为供品，敬献诸神，祈祷赎去逝者在世时的罪孽，请诸神把其灵魂带到天界。秃鹫不像其他鹰类，它从不吃活物，只吃死物，除吃人尸体外，不伤害任何动物，藏人称之为"神鸟"。

在天葬之前，藏区曾经实行过高山风化、悬梁、穴藏等丧葬方式。虽有消失骨骸方面的倾向，但毕竟留下骸骨和其他痕迹，不尽人意。人们在观察寻觅中，发现了秃鹫的特殊功能，首先是秃鹫的消化能力。秃鹫不仅能生吞活剥各类动物的肉体，还能把骨头嚼咽一尽。高原上流传着这样一句谚语："没有秃鹫的肠胃，就不要去咀嚼金丸银蛋。"可见秃鹫的胃功能有多厉害。另外，秃鹫屙屎溺尿都在高高的天空，高原强劲的气流把它的排泄物吹得无影无踪，因此，不管吞食了什么食物，都不会留一星半迹残渣在地面上。

据说，秃鹫即使在它自己死亡之时，也要腾空万里，拼命往高空飞去，一直朝着太阳，直到太阳和气流把它的躯体消溶一尽，不留一点痕迹在世间。人们从来没有看见过秃鹫的尸体，这更加使秃鹫蒙上了神秘色彩，让藏民产生了崇拜。

让秃鹫来天葬，也象征着佛教回归大自然的用意。

金雕标本

　　金雕是雕类的一种，别名黑翅雕，在庞泉沟是留鸟，窝做在悬崖峭壁的缝隙或突出的石块上，是这里的鸟中之王，英勇凶猛。它的飞行速度极快，俯冲时的时速可高达每小时 300 公里，仅次于针尾雨燕，食物主要是野兔等，为国家一级重点保护动物。雕类还是鸟类中比较长寿者之一，金雕可活 50 年左右。

【背景资料】雕类杂谈

　　雕是隼形目鹰科雕属鸟类的统称，为大型猛禽，全世界共有 9 种，多数分布于欧亚大陆和非洲，少数见于大洋洲和北美洲。我国有 4 种：金雕、白肩雕、草原雕和乌雕。以金雕和乌雕分布较广。

　　金雕成鸟的体长可达 1 米，翼展平均超过 2 米，巨大的翅膀不仅是敏捷有力飞行的保证，也是它的有力武器，有时一翅扇将过去，猎物立击倒地。

　　金雕善于翱翔和滑翔，常在高空中一边呈直线或圆圈状盘旋，一边俯视地面寻找猎物。发现目标后，能以速度为每小时 300 公里的迅雷不及掩耳之势从天而降，并在最后一刹那嘎然止住扇动的翅膀，牢牢地抓住猎物，将利爪戳进猎物的头骨，使其立即丧命。

　　在庞泉沟，金雕的窝多筑在悬崖峭壁上的大石缝里，或者孤零零的一棵大树上。每窝一般产卵 2 枚。雄雕和雌雕轮流孵化，经过 40 ～ 45 天，小雕即可出壳。

遇到巢中食物不足时，先孵出的个体较大的哥哥（或姐姐），常常会啄击个体较小的弟弟（或妹妹）。此时如果父母长时间不能带回食物，较大的哥哥就会把较小的弟弟啄得混身是血，甚至啄死吃掉。这种同胞骨肉自相残害的现象，在大型猛禽中并不罕见，它们利用幼鸟在身体发育上的差异，淘汰弱小的个体，保留强壮的个体，通过种内的自我调节，达到优生优育的目的。出壳的小雕经亲鸟共同抚育，80 天后可离巢。

由于金雕勇猛威武，古代巴比伦王国和罗马帝国曾把它作为王权的象征。在我国元朝忽必烈时代，强悍的蒙古猎人盛行驯养金雕捕狼。时至今日，金雕还成了科学家的助手，它们被驯养后用于捕捉狼崽，对深入研究狼的生态习性起过不小的作用。据说，有一只金雕曾捕获 14 只狼，它的凶悍程度可见一斑。哈萨克人用训练有素的金雕去狩猎，此外，还有一个最大的用处是看护羊圈，用它们驱赶野狼。

当代著名作家金庸的《射雕英雄传》、《神雕侠侣》、《倚天屠龙记》三部武侠小说，被搬上荧屏，家喻户晓。因三部小说在情节上有承接关系，故称"射雕三部曲"。小说中"神雕"的形象，也和小说中武林英雄一样，深入每一名观众的心。

然而在我国历史上，元末明初著名的史学家、文学家陶宗仪，曾著《寓林折枝》，其中有《雕传》一文，文中"雕"的名声虽不敢恭维，但雕和众多中国"文化名鸟"的故事，在我们今天看来，其中关于多数鸟类习性的说法却是正确的，因此附录其译文如下：

从前黄帝、少暤时期，正是凤来到的时候，所以以凤为师并以鸟名为纪年，任命凤凰为禽鸟的首领。

在那个时候，南山有一种鸟，它的名字叫雕，凶猛而矫健，贪心而狡猾。稻谷高粱的甘甜、植物果实的美味，雕都不屑一顾，而是以众禽类的肉作为食物。雕的种类其实很多。与雕的习气相同，形体不同的鸟有：鹰、鹯、鸢、隼、鹘、鹍、鸟戎、鹫，都是助雕为虐的鸟。和雕不同类但祖先相同的鸟有：鸱鸮、鸺鹠、枭、鸩、训狐、鬼车，他们的恶劣和雕相同，只是身材不同而已。而雕也有大小之别。小的对付像鹌鹑、燕雀之类，有力气制住它就制服它。大的就是鸿鹄它也不怕。所以雕所在的地方，所有禽类都逃散远去。高树枝上没有安全的鸟巢，灌木丛中没有安息的禽鸟。

雕没有地方得到食物，就制造诡辩流言，宣示众禽鸟的过错并说给凤听："鸿雁离开北方而来南方，是叛逆的鸟。鹦鹉放弃鸟的语言而学习人的语言，是奸诈的鸟。莺飞出幽深的山谷而迁居高大的树木之上，是冒犯和僭越（超越本分）的鸟。乌鸦凭预知吉凶福祸来蛊惑大家，喜鹊填塞河流阻碍水利，布谷鸟侵占喜鹊的巢穴，鸳鸯荒淫无度，海鸥好偷闲，鸡喜好斗殴而互相伤害，野鸭、鸥类、鹅、鸭学习水战，鸬鹚和白鹭抓鱼不纳税，孔雀有叛逆的长相（像凤凰），杜鹃(啼叫声)催人回家，令镇守边疆的兵卒逃亡，提壶劝人喝酒滋事:这些都是有罪（的行径），不治罪将会更加变本加厉。"凤凰被谗言迷惑了，命令爽鸠氏治它们的罪。雕和爽鸠内外勾结。找遍山谷，搜遍山林。禽类只要一出来，就打它，追它，抓住它，擒获它。啄骨头上的肉，扼住喉咙，撕裂肌肉，扯断筋，啄下的羽毛在风中飞扬，血洒在地上变成暗红色。它们所经之地，基本不见活口，其余的（禽鸟）或仓皇挣扎、想能够免祸的办法，或倾家荡产，拿出所有的积蓄供奉给爽鸠，并通过它贿赂雕，以求不被治罪。

于是，雕的势力越来越涨大，而众多禽鸟的生计一天比一天紧迫。爪距稍微锋利点的鸟，羡慕雕的行为就跟着效仿。爪距钝的鸟，深深地躲藏或远逃，饿死并杂乱地尸陈草莽之中。

这时凤凰开始犯愁了。听说蓬莱之顶有胎仙。胎仙名字叫鹤，号青田翁，廉正而（身体）洁白，（性格）和平并且热爱生命。（凤凰）于是惩治爽鸠，派鹤乘坐车去惩治它。鹤便和凤凰谋划道："雕，它当初是一种鸟而已。自从您不限制它而致使它蔓延，如今成为雕的鸟何其多啊。如今有不是雕而（行径）是雕的鸟是为什么？是雕就有食物，不是雕就没有食物；是雕就有利益无祸害，不是雕就见不到一点利益而祸害却是常常跟着它，所以它们不得不成为雕啊。

如今禽鸟们生子希望它成为雕，雏鸟学习飞翔，学雕的样子，形体和雕不同的鸟也要冒充为雕。不诛灭那来源的首领，歼灭那些凶恶丑陋者以劝勉其余的禽鸟，我恐怕鸢、鸀、鹪、鹭、神雀、大鹏、金翅，都要变成雕啊。"凤凰说："对。"

（于是凤凰）向天帝上奏并请示。天帝派虞人拿弓箭放大网，凡是雕就碎尸万段。雕之类全部杀灭。天帝命令天下不留雕。因此它的余党都隐形灭迹不敢露面。众多的禽鸟才得以安身立命以享天年。这都是少暤的恩德、凤凰和鹤的作为啊。

太史公说："雕，是奸诈的禽鸟。（因）暴戾恶毒而受到诛灭确实应该。我唯独害怕如今的人们专心养雕，想满足自己的欲望，高举着雕并放纵它，捕捉众禽鸟吃它们的血肉来养肥自己的身躯，殊不知少暤的戒训。悲哀啊！有害的事物一天比一天多的话，虽然刑法不能及，天也必然要惩罚他的。那雕难道值得怜悯吗？"

就像可怕的诅咒一样，今天雕的命运确实不容乐观，"雕之类全部杀灭"的"天命"似乎就要被兑现，雕的数量正在飞速减速少。金雕已被列入《世界自然保护联盟》（IUCN）国际鸟类红皮书，列入《华盛顿公约》附录Ⅱ中的Ⅰ级濒危鸟类，列入中国国家一级重点保护动物，列入《中国濒危动物红皮书·鸟类》易危种。

纵纹腹小鸮

庞泉沟有 23 种猛禽，17 种属于隼形目。隼形目的猛禽均在白昼活动，它们经常会长时间在高空盘旋和悬停。有时会选择山崖、树顶、电线等视野开阔的位置蹲踞。在展厅空中悬挂的猛禽标本中，你可以仔细分辨一下它们的不同种类。

雕等大型猛禽会长距离滑翔驱赶动物，待其体力耗竭后捕食；鹪、鹜、鹰等中小猛禽会在开阔的草场上缓慢盘旋；隼等小型猛禽有时会振翅悬停于草场上空，发现猎物后迅速上升占领制高点，然后收拢双翅，高速俯冲接近猎物。

庞泉沟有鸮形目的 6 种猫头鹰，它们主要在夜间活动。最大的是雕鸮，最小的是纵纹腹小鸮，也是在北方最为常见的一种，常在居民区活动，当地交城人叫"呱呱由"、方山人叫"鹨怪子"，不少地方民间把它当成"鬼鸟"，展厅一楼的鸟音互动有它的鸣声。

【背景资料】猫头鹰

鸮类猛禽就是俗称中的猫头鹰。这类鸟眼睛一般都很大，向前平视，形成所谓的"面盘"。上眼睑能自由活动，眼周的羽毛向四周呈放射状，加上多数有耳羽，这样使它们的头看上去显得比较大。

猫头鹰多数是夜间活动的鸟类，它们眼睛的视网膜中视杆细胞丰富，而且有反光色素层，这使得它们在白天有"白盲"现象，它们靠着暗淡的羽色，白天混在环境中一动不动，不易被发现。夜间猫头鹰出来觅食，它们飞羽边缘有很细的羽丝，这使得它们和其他鸟类有很大的区别，能够在飞行时悄然无声。

庞泉沟有 6 种猫头鹰，最大的是雕鸮，身长达 75 厘米，也就是当地人叫的"信虎"，是一种留鸟，多栖息于吕梁山西坡的黄土丘陵地带。森林里的种类是红角鸮，体形较小，可以在茂密的林中自由飞行，是夏候鸟。还有长耳鸮、短耳鸮，是冬候鸟，多见于林缘山脚。领角鸮是我们近年来发现的新种类，对它的情况还不甚了解。

纵纹腹小鸮爱在居民区生活，是最常见的猫头鹰，三更半夜一声"呱呱呱"的"凄厉"叫声，不由地让人心惊肉跳。因此，在民间其名声极坏，多被称为"鬼鸟"。交城县人俗称它"呱呱由"，在方言中，"呱呱由"也借指：嘴多，且爱说不好听、不吉祥话的人。方山县人叫它"鹨怪子"，老百姓有一句歇后语："信虎、鹨怪子——呕鬼拜把子"（呕鬼，方言坏人之意)，意思是说，坏人拜把子做了朋友，将要干坏事。还有山西不少地方的人说，这种鸟在哪里叫哪里就会死人，还说在人长期卧床不起将死之时，身体会散发出一种腐臭异味，猫头鹰会闻到这种味道，认为是有食物吃，就会鸣叫，显然这些说法有失科学性。

虽然我国民间对猫头鹰有很多误解，但其捕鼠的本领之大却也早已被有识之士所认同。古书上曾有这样的记载："北方枭入家以为怪，共恶之；南中昼夜飞鸣，与乌鹊无异。"

猫头鹰完全依靠捕捉活的动物为食，食物主要是农林鼠类，也吃一些小型鸟类、哺乳类和昆虫等。一只猫头鹰每年可以吃掉1000多只老鼠，相当于为人类保护了数吨粮食，的确是劳苦功高。与猛兽不同，猫头鹰等猛禽在进食时不能咀嚼食物，大多是将猎物连皮带骨囫囵吞下，骨骼、毛皮等不易消化，这些残渣也不能随粪便排出，而出于减轻飞行负重的原因，所以它们有吐食团的行为。

猫头鹰是全世界现存鸟类中分布最广的种类之一，除了北极地区以外、世界各地都可以见到它们的踪影。希腊神话中智慧女神雅典娜，她的爱鸟是一只小鸮，因而，古希腊人把猫头鹰尊敬为雅典娜和智慧的象征。在日本，猫头鹰被称为是福鸟，代表着吉祥和幸福。残害猫头鹰的多马人，却用猫头鹰的模拟像来镇邪恶。在英国，人们认为吃了烧焦以后研成粉末的猫头鹰蛋，可以矫正视力。约克郡人则相信用猫头鹰熬成的汤可以治疗百日咳。

在J·K·罗琳的魔法小说《哈利·波特》中，猫头鹰和蟾蜍等是巫师们的宠物，其中猫头鹰是最高贵也是最受欢迎的一种，它们能够通晓人类的感情和语言，是具有智慧的。

加拿大温哥华印第安人的后裔，现在仍保留猫头鹰的图腾舞，不但有大型木雕的猫头鹰形象，而且有舞蹈，舞者衣纹为猫头鹰，全身披挂它的猎获物老鼠。

猫头鹰的故事已深入到世界各地的文化之中。1981年，香港拍摄恶搞武侠剧电影《猫头鹰》。还有影视剧《守卫者传奇》、歌曲《猫头鹰》、书籍《猫头鹰》（作者：美国人凯瑟琳·拉斯基）等。

（六）鸣禽

鸣禽为雀形目鸟类，大多数是体形较小的鸟，种类繁多，较为常见，约占世界鸟类的五分之三。在庞泉沟的189种鸟类中，鸣禽占到115种。

鸣禽善于鸣叫，鸣声因性别和季节的不同而有差异，繁殖季节的鸣声最为婉转和响亮，如百灵、黄鹂、柳莺、大山雀、家燕等。外型较小的如柳莺、山雀、绣眼鸟、鹪鹩等，在森林里数量很多。大的如乌鸦、喜鹊，几乎分布全中国。鸣禽鸟类都善于营巢。

【背景资料】鸟类的鸣声

鸟音是自然界中的奇迹之一，人类自有文化记录以来，鸟类美妙的鸣声就不断地吸引着我们。然而鸟类并不是为了吸引人们而鸣叫，它们大约在 6000 万年前就进化了，比人类聆听它们的歌声要早得多。对它们而言，鸣叫就是鸟类王国中相互沟通的语言。

鸟类没有像人类一样的声带，那么，它是如何发出声音的呢？现代科学研究表明，在鸟类的胸腔深处，有个称作"鸣管"的器官，随气管分成两支，构成一个成双的乐器，这表示鸟类可以同时鸣唱两种不同的音符，甚至是二重唱。

并不是所有的鸟儿都会歌唱，也不是所有鸟类发出的声音都可以称做歌曲，歌唱的能力仅限于那些鸣禽，即以雀形目为主的常见的小型鸟类。这表示世界上有将近半数的鸟种不会歌唱。但是，几乎所有的鸟类都可以利用声音来沟通，大多数的鸟类会发出短促、非音乐性的鸣声，而这类发声称不上是歌曲，我们一般将其称为"啼叫"，以和真正的鸟歌声加以区别。

在鸟类的世界中，啼叫的声音常常比视像更重要。一只聋的雌火鸡无法认出她的亲生小鸡，而家鸡无法认出不会啼叫的小鸡。一个集体筑巢地点的上千只塘鹅，它们来来去去，造成一个嘈杂混乱的环境，但是只需要十分之一秒，就可以从鸟群的啼叫声中找出它独特的伴侣。但那些鸟叫声对我们人类来说，听起来都是一样的。

和啼叫比起来，鸟类的歌声更加复杂，也正是鸟类的歌声俘获了人们的心。中国古人以"两个黄鹂鸣翠柳"的千古绝句，称赞了黄鹂鸟的歌声。画眉的歌声更是悠扬婉转，悦耳动听，又能仿效其他鸟类鸣叫，自古就成了我国的笼养观赏鸟，被誉为"鹛类之王"而驰名中外。

鸟类一般在繁殖季节鸣唱最多，而且几乎总是雄鸟在鸣唱，拂晓时分是它们鸣叫的一个高峰期，鸣唱的目的有两个：

第一是为了驱赶其他的雄鸟离开它的领土。雄鸟的歌曲有点像是在说："这个领土已经被占领，主人正在家里。"其他的雄鸟就会尊重这只雄鸟，而不侵犯其领土。

柳莺

第二是为了吸引异性伴侣。雄鸟为了让歌声吸引配偶，它们保持高度的活力，总是站在最显眼的位置，尽可能鸣唱婉转而复杂的歌曲。雌鸟一般是被雄鸟歌曲的复杂度所打动，所以能唱复杂歌曲的雄鸟，在繁殖季节中能较早找到伴侣，这对鸟类来说是很重要的，因为一对鸟伴侣越早抚养一窝雏鸟，那些雏鸟将来能够成功抚育下一代的机会就越高。

科学家们相信鸟类一生下来就有歌唱的天赋，这被称做"听觉样板学说"。小鸟在聆听着成年鸟类唱歌，不断练习着他们的歌喉，而后他们的鸣唱越来越趋于完美。这些现象可以被观察到：在一些鸟类刚出窝后，唱一首歌会显得有些混乱，但是经过几个星期的练习之后，就熟练多了。鸟类第一次唱的歌曲我们称做"可塑的歌曲"，可塑的歌曲演化成"成年前的歌曲"，而第三步则成了"完整的成鸟歌曲"。

鸟类鸣唱及学习鸣唱之谜，最近有了更有趣的实验结果：和我们人类一样，因为互相学习，同一种鸟类间也有方言的存在。美国鸟类学家在旧金山湾观察发现，扩散在一个群体边缘的一种白冠麻雀，雄鸟持续着它的方言，因为雌鸟较喜欢唱着乡音的雄鸟。

模仿人类说话是一项困难的特技。鹦鹉有着像人类般丰厚的舌头，这在鸟类中算是新奇事了，这也让它们能够用类似我们发声的方式制造声音。也就是说，它们从鸣管发出初步的声音，然后透过嘴巴、喉咙及舌头修改，变成"说话"。

【背景资料】庞泉沟鸟类之最

1. 数量最多的鸟

庞泉沟主要是森林鸟类，森林中一年四季最多的留鸟是山雀，包括褐头山雀、大山雀、煤山雀、银喉长尾山雀，数量都很多，但总体以大山雀居多，这也是冬季最多的种类。

夏季，很多候鸟迁来，以柳莺最多。繁殖的有中华叶柳莺、黄眉柳莺、冠纹柳莺和棕眉柳莺4种。中华叶柳莺多生活在林缘和阔叶林，种群密度最高，而黄眉柳莺生活在庞泉沟分布最广的落叶松林，密度虽不及中华叶柳莺，但绝对数量应该是最多的。

2. 集群最大的鸟

许多鸟类秋冬爱集群，且数量多，群体大的是留鸟棕头鸦雀，冬季可达100～200只。而冬候鸟的燕雀偶尔会集到数千只的大群，那种场面，真是鸟儿铺天盖地。

3. 最大的鸟

最大的鸟是秃鹫，但人们只是偶尔能见到它。在一年四季生活的留鸟中，最大的就是褐马鸡。在常见的雀形目鸟类中，最大的鸟应该是鸦科的红嘴蓝鹊，它本身就较大，而且尾巴特别长。在鸟类的体长测量中，尾巴是算数的。

4. 最小的鸟

鹪鹩是繁殖鸟，体型最小。春季迁徙的候鸟中，有一种旅鸟叫戴菊，是莺类的一种，也是很小的，可与鹪鹩相提并论。

5. 最漂亮的鸟

长尾山椒鸟是繁殖的夏候鸟，雄鸟红色，雌鸟黄色，生活于山脊树冠，十分漂亮。

6. 飞得最快的鸟

鸟类中飞得最快的应该是雨燕中的一种，是迁徙候鸟，以白喉针尾雨燕常见。猛禽中的金雕、红隼等也飞得很快。

7. 夏天来得最早的鸟

每年春天3月初，白鹡鸰就会到来，它们在庞泉沟繁殖，秋天离去。而此时，在更北方繁殖的鸿雁等"大雁"早已北上，它们在2月份就过境了，但只是路过的旅鸟。

8. 最会歌唱的鸟

庞泉沟鸟儿能歌唱的以黑枕黄鹂名声最大，是因为有杜甫"两个黄鹂鸣翠柳"的绝句。其实，画眉鸟的近亲山噪鹛，百灵鸟中的一种凤头百灵，还有蓝歌鸲，灰头鸫、金翅雀，以及莺歌燕舞的中华叶柳莺等都很会唱歌。

9. 最常见的鸟

庞泉沟数量最多的山雀和柳莺鸟无疑是常见的。但在我们平常生活的居民区，则以麻雀数量最多。乌鸦、喜鹊体型较大，容易观察和发现，也很常见。

七、鸟音互动

导语

一层东南角，一个高科技电子触摸屏和一块16种鸟类灯箱图片相对应，访客在触摸屏上轻轻一点，就会播放出每种鸟的相应鸣声。

鸟音互动

两个黄鹂鸣翠柳、杜鹃声声送春归、喜鹊报喜叫喳喳，鬼鸟悲啼夜惊人……许多鸟类以它的歌喉著称。鸟音互动是访客可以自助操作的高科技设备，一台触摸屏的屏幕，与前面灯箱上的16种鸟类一一对应，它们都是庞泉沟及我们生活中常见鸟类，而且每种鸟都是小有名气的文化鸟，身后都有一段小故事。你点击触摸屏上的播放按钮，就可以听到它们的鸣声。

【背景资料】互动屏上的十六种鸟

(1) 喜鹊：喜鹊是一种体形较大的鸟类，在我国北方很常见，多生活在人类聚居地区。除秋季结成小群外，全年大多成群生活。

《本草纲目》中说它的名字包括两个含义，一是"鹊鸣"，故谓之鹊，二是"灵能报喜，故谓之喜"，合起来就是喜鹊。据说喜鹊能够预报天气的晴雨，古书《禽经》中有这样的记载："仰鸣则阴，俯鸣则雨，人闻其声则喜。"

喜鹊的叫声响亮粗哑，声音宏亮。叫声"喳喳喳喳，喳喳喳喳"，民间意为"喜事到家，喜事到家"，是中国民间吉祥的象征，自古以来深受人们喜爱。农村喜庆婚礼时常用剪纸"喜鹊登枝"来装饰新房，"喜鹊登梅"亦是中国画中常见的题材。"鹊登高枝"、"喜上眉（梅）梢"等成语典故为人熟知。喜鹊还经常出现在中国传统诗歌、对联中。

"花喜鹊，尾巴长，娶了媳妇忘记了娘……"，这是在我国北方流传着的顺口溜。因为喜鹊喜欢"翘尾巴"，它从某处飞过来，落到枝上，往往都会翘一下尾巴以保持平衡；没事在枝上呆着的时候，也经常要用尾巴来协调身体，因此，"翘尾巴"这个动作，就又用来形容一个人骄傲自满了。

在中国的民间传说中，每年的七夕，人间所有的喜鹊会飞上天河，搭起一条鹊桥，引牛郎和织女相会，这就是"鹊桥相会"的故事，因而在中华文化中，鹊桥常常成为男女情缘的象征。

喜鹊已被列入《国家保护的有益的或者有重要经济、科学研究价值的陆生野生动物名录》。

(2) ～ (3) 大杜鹃和四声杜鹃：在我国北方杜鹃鸟中，以大杜鹃和四声杜鹃在各地最为常见，在前文已讲述了它们的故事。

(4) 纵纹腹小鸮：纵纹腹小鸮是我国北方猫头鹰中最常见的一种，被称为"鬼鸟"，常在村庄附近的树林中活动。它的叫声多变，主要是一种哀婉的声音，在短暂的间歇中不断反复，此外还常有一种尖叫声。它的叫声随季节变化，山西民间有"春鸣、夏叫、秋呱呱"之说。

(5) 鹪鹩：鹪鹩是一种小型、短胖、十分活跃的山地森林鸟。颜色为褐色，翅膀短而圆，尾巴短而翘。大部分身长为10厘米左右，是庞泉沟最小的鸟。它们几乎主要以昆虫和蜘蛛为食。

鹪鹩声音十分婉转、多变。身体虽小，叫声却很大。欧洲的一种鹪鹩，每分钟能鸣唱包含740种不同音符的歌曲，而这种歌曲可以在500米外被听到，按人类和鹪鹩身材比例来看，这相当于我们唱一首歌曲，可以在10公里外被听见。

我国很早就有鹪鹩的记载。《庄子·逍遥游》中有"鹪鹩巢于深林，不过一枝"，旨在说明以天地万物之大，鹪鹩不过仅仅巢于一枝。晋代张华曾据此语作《鹪鹩赋》。鹪鹩还是一种传统中药材，别名山蝈蝈儿巧妇。性甘、咸，平。入肺、脾、肝、肾四经。有补脾去湿，益肺止咳，滋肾养阴之功效。

(6) 麻雀：麻雀多活动在有人类居住的地方，性极活泼，胆大易近人，但警惕性却非常高，好奇心较强。我国民间俗称麻雀为小雀儿、小虫儿、小雏（河南、山西），小冢（河北、山东），瓦雀、谷雀（云南），脊脊（陕西），家雀儿、老家贼（天津、东北），飞儿、飞虫（子），飞娃、家巴子（山西）。

除繁殖、育雏阶段外，麻雀是非常喜欢群居的鸟类。秋季时易形成数百只乃至数千只的大群，而在冬季它们则多结成十几只或几十只一起活动的小群。这种小生灵非常聪明机警，有较强的记忆力，这和其他许多小型雀不同，如得到人救助的麻雀，会对救助过它的人表现出一种亲近，而且会持续很长的时间。在麻雀居住集中的地方，当有入侵鸟类时，它们会表现得非常团结，直至将入侵者赶走为止。

在我国，麻雀是一个弱小的代名词。"麻雀虽小，五脏俱全"的谚语，为人熟知。"才出窝的麻雀——翅膀不硬"、"麻雀鼓肚子——好大的气"、"八个麻雀抬轿——担当不起"、"麻雀飞到旗杆上——鸟不大，架子倒不小"等，这些以麻雀为核心的歇后语，不断在生活中被创新和传播。而麻雀"唧唧喳喳"的叫声也为人熟知。相关歇后语有"麻雀搬家——唧唧喳喳"等。

(7) 大嘴乌鸦：大嘴乌鸦是雀形目鸟类中体型最大的几个物种

之一，成年体长可达50厘米左右。大嘴乌鸦叫声单调粗犷，似"哇—哇—哇"声，俗称老鸦、老鸹、黑老哇。民间认为其叫声不吉祥，有"喜鹊叫喜，乌鸦叫丧"的说法。它雌雄同形同色，通身漆黑，固有"天下乌鸦一般黑"的谚语，背上了更多的恶名。

大嘴乌鸦是杂食性鸟类，对生活环境不挑剔，无论山区平原均可见到，喜在垃圾场活动。主要分布于亚洲东部地区，我国全境可见。

除繁殖期间成对活动外，其他季节多成3～5只或10多只的小群活动，偶尔也见有数十只甚至数百只的大群。多在树上或地上栖息，也栖于电柱上和屋脊上。

（8）秃鹫：秃鹫在庞泉沟的冬天偶尔能见到，一般较少鸣叫，只有在争夺食物时，才发出"咕喔、咕喔"的叫声。

（9）雉鸡：雉鸡属于鸡形目雉科鸟类，广泛分布于世界各地，是世界上最常见的雉类。全世界现存276种雉类，我国占有其中的56种，被誉为"雉之王国"。

雉鸡在庞泉沟十分常见，前文的"野鸡及其利用"中已有部分介绍。虽不能远飞，在迫不得已时才起飞，边飞边发出"咯咯咯"的叫声和两翅"扑扑扑……"的鼓动声。

雉鸡繁殖期间雄鸟常发出'咯—咯咯咯'的鸣叫，特别是清晨最为频繁。叫声清脆响亮，500米外即可听见。每次鸣叫后，多要扇动几下翅膀。

（10）金翅：金翅为雀形目燕雀科鸟类，分布较广。别称金翅雀、黄弹鸟、黄楠鸟、芦花黄雀、绿雀，是一种常见的笼养鸟类。

金翅叫声虽不算优美，但其饲养简易、易捕捉，一般都会成为玩家驯养的第一只鸟。饲养主要以训练技艺为主，主要有取物、叫远、放飞、叼干等。食物以谷子、菜籽混合为佳。偶尔也可以啄食昆虫。

（11）矶鹬：矶鹬在中国繁殖于西北及东北，冬季在南部沿海、河流及湿地越冬，迁徙时大部分地区可见，是较常见的水域鸟类，喜欢吃水边昆虫、螺类、蠕虫。

矶鹬常单独或成对活动，非繁殖期亦成小群。常活动在多沙石的浅水河滩、水中沙滩或江心小岛上，停息时尾不断上下摆动。性机警，行走时步履缓慢轻盈，显得不慌不忙，同时频频地上下点头，有时亦常沿水边跑跑停停。受惊后立刻起飞，通常沿水面低飞。常边飞边叫，叫声似"矶—矶—矶—"声。

（12）黑枕黄鹂：黑枕黄鹂是黄鹂科鸟类中的一种，在北方常见，不少地方俗称"黄呱老儿"，中等体型，通体金黄色。

黄鹂鸟常单独或成对活动，主要栖息于低山丘陵和山脚平原地带的阔叶林或混交林中，主要在高大树木的树冠层活动，很少下到地面。繁殖期间喜欢隐藏在茂密的枝叶丛中鸣叫，以清晨鸣叫最多，有时边飞边鸣。鸣声清脆婉转，富有弹音，并且能变换腔调和模仿其他鸟的鸣叫。故唐代诗圣杜甫有"两个黄鹂鸣翠柳，一行白鹭上青天……"的千古绝句。

繁殖期5～7月，巢多筑在树枝末端枝叉处，呈吊篮状，巢距地3～8米高。当巢位选定后，站在巢区内不同的树上对鸣，此时若有别的黄鹂侵入，立即飞起攻击，直到将对方赶出巢区为止，领域性甚强。每窝产卵多为4枚，卵为少见的粉红色。

黄鹂以其艳丽的羽饰和悦耳的鸣声，构成大自然的点缀，加以主食昆虫，有益于园林，历来备受人们的喜爱。近年可能受到农药残毒影响，数量锐减，应研究保护措施。

（13）山斑鸠：山斑鸠是鸠鸽科的鸟类，成对或单独活动，多在开阔农耕区的村庄及房前屋后、寺院周围等处活动，取食于地面，食物多为谷类，也食用一些树籽、果核等。

山斑鸠分布在西伯利亚中部和中亚地区，冬天大部分种群会迁徙。在北方常见的斑鸠种类还有珠颈斑鸠、灰斑鸠。它们的叫声均为响亮的"咕咕—咕"，为人熟知，不同种间有所差别，非专业人士一般难于辨别。

该物种已被列入《国家保护的有益的或者有重要经济、科学研究价值的陆生野生动物名录》。

（14）大山雀：又名仔伯、仔仔黑、黑子、山仔仔黑、羊粪蛋、白面只、灰山雀、花脸雀、花脸王、白脸山雀，是一种栖息在山区和平原林间的常见鸟类。它的体形大小与麻雀相似，是山雀中体形较大的种类。

大山雀善鸣叫，鸣声清脆悦耳，鸣唱变化较多并有不同含义，但无论何种鸣唱，其基调为"仔嘿—仔仔嘿—仔仔嘿嘿"或"仔仔嘿嘿嘿"，在野外可以依靠其特征性的鸣叫来区分，它在中国华北地区的俗名"仔仔黑"和"黑子"就是来自它鸣唱的拟声。

大山雀是一种很活泼的小鸟，胆大易近人，好奇心极强，除睡眠外很少静止下来。常光顾居民区及开阔林，时而在树顶雀跃，时而在地面蹦跳，喜爱成对或成小群活动。它是驰名的食虫鸟，主要捕食松毛虫、天牛幼虫、蝗虫、蝇类等害虫，是农业、林业及果区中极为重要的益鸟。

爱鸟护鸟的人为了招引大山雀，通常在树上悬挂巢箱，并在适当的地方放置食物，而大山雀会非常高兴地接受这些施舍。由于大山雀在自然界是农林害虫的著名天敌，现被江苏省定为省级重点保护动物。

（15）苍鹭：苍鹭是大型水边鸟类，头、颈、脚和嘴均甚长，因而身体显得细瘦。

栖息于江河、溪流、湖泊、水塘、海岸等水域岸边及其浅水处。常单独涉水，或长时间在水边站立不动，颈常曲缩于两肩之间，并常以一脚站立，另一脚缩于腹下，站立可达数小时之久而不动，故有"长脖老等"之称。飞行时两翼鼓动缓慢，颈缩成"Z"字形，两脚向后伸直，远远地拖于尾后。晚上多成群栖息于高大的树上休息。叫声粗而高，似"刮、刮"声。主要以小型鱼类、泥鳅、虾、喇蛄、蜻蜓幼虫、蜥蜴、蛙和昆虫等动物性食物为食。

繁殖期的苍鹭成小群活动在环境开阔且有芦苇、水草或附近有树木的浅水水域和沼泽地上。营巢在水域附近的树上或芦苇与水草丛中，多成小群集中营群巢，有时一棵树上有巢数对至十多对。

苍鹭是中国分布广和较为常见的涉禽，几乎全国各地水域和沼泽湿地都可见到，数量较普遍。近年来由于沼泽的开发利用、苍鹭生境条件的恶化和丧失，种群数量明显减少，不像以往那么容易在野外见到。

（16）画眉：画眉是鹟科画眉亚科鸟类，体长约24厘米，头色较深而有黑斑，具有明显的白色眼圈，向后延伸呈蛾眉状的眉纹，故称"画眉"。

野生画眉留居我国长江以南的山林中，喜在灌木丛中穿飞和栖息，常在林下草丛中觅食，以昆虫和植物种子为食，不善作远距离飞翔，为留鸟。

画眉是我国南方常见的鸣禽，为有名的笼养鸟类。它的鸣声洪亮，婉转动听，并能仿效多种鸟的叫声。还会学人话、猫狗叫、笛声等各种声音。画眉性机敏，雄鸟好斗，不少地方都有人训练其打斗观赏，甚至赌博。画眉鸟在世界各地都广受爱鸟人士的喜爱，尤其是贵州凯里画眉鸟更是鸟中极品。

八、比比看谁更高

导语

二层北侧是一面巨型体验式互动墙面：高大的非洲鸵鸟、南极的企鹅、褐马鸡、大天鹅等汇聚一堂，它们的体形大小和实际中一模一样，左边还标有高度标尺，参观者可走近这些鸟，和它们"比比看谁更高"。

比比看谁更高互动墙

鸟类是人类的朋友，全世界共有鸟类 9000 多种，我国有 1329 种。展厅巨幅背景画面是非洲热带的稀树草原，在赤道上的雪山——乞力马扎罗山脚下，七大洲的知名鸟类汇聚一堂。有全球最大的非洲鸵鸟，南极生活的企鹅，"东方神鸟"丹顶鹤，能从西伯利亚飞到大洋洲的大天鹅，以及我们的褐马鸡，它们是按 1:1 设置的，你可以走到这些鸟的身边，用左边的标尺量一下你的"海拔"，和它们比比看谁更高。

【背景资料】鸟类同人类的关系

从人类文明历史揭晓起，鸟类就同人类有着极为密切的关系。开始人们只知道猎捕它们，食其肉、饰其羽，慢慢懂得将其驯化饲养。随着历史的发展和人类文明的进步，人们的认识也越来越明确：鸟类是人类不可多得的益友！

鸟类消灭虫害，它们在维护生态平衡、保护自然界绿色植物方面的作用人所共知。譬如，素有"森林医生"美称的啄木鸟，专门吃天牛、吉丁虫、透翅蛾、蠹虫等危害林木的害虫。灰喜鹊是消灭松毛虫、卷叶蛾、蝉等森林害虫的能手。一只灰喜鹊一年能吃掉15000 多条松毛虫，能保护 5 亩松林免受虫害，被誉为"灭虫卫士"。一只燕子在一个夏季要吃掉蚊子等害虫 25 万多只。1000 只椋鸟在营巢期的 1 个月中，能消灭蝗虫 22 吨，被称为"灭蝗大军"。一只猫头鹰在一个夏季能扑捉 1000 多只田鼠，而一只田鼠在一个夏天至少要糟蹋 1 公斤粮食，这样，一只猫头鹰在一个夏季，替我们从鼠口中至少夺回 1 吨粮食，而这些粮食，能养活 8 ～ 10 个人。

许多鸟类是花粉的传播者及植物的授粉者，例如蜂鸟、花蜜鸟、太阳鸟、啄花鸟、锈眼鸟等。以植物种子或果实为食的鸟类，都会有一些未经消化的种子随粪便排出，这些经过鸟类消化道并与粪便一起排出的种子更易于萌发，会随着鸟类的飞行而广为散布。已知一些海洋岛屿上的植物就是经由鸟类扩散到的。星鸦、松鸦及某些啄木鸟在秋季有贮藏植物种子的习性，可将数以百计的针叶树球果或栗树种子贮藏到数公里以外的树洞内，有人认为，这是历史上欧、美栗林扩展的主要原因。

从直接的经济意义上讲，鸟类是我们的一项宝贵财富。鸟类的肉、卵、羽绒以至鸟粪都可以利用。狩猎鸟类主要包括一些鸡形目、雁形目、鸠鸽目等的鸟类，它们都是种群数量增长较快的种类，在对种群数量动态充分研究的基础上，合理狩猎会带来巨大的经济收益。运动或休闲狩猎在许多发达国家甚为流行，在狩猎场内狩猎是一项高档娱乐活动。但从我国目前的情况来看，野生鸟类资源的破坏比较严重，因此首先应该强调的是保护资源。

鸟类也是仿生学研究的主要对象之一。鸟儿在空中自由飞行，自古以来就对人类有极大的吸引力。早在一千九百多年前，我国古人就把鸟羽绑在一起做成翅膀，能够滑翔。文艺复兴时期，达·芬奇曾设计了扑翼机，试图用脚的蹬动来扑翼飞行。后来经过许多科学家的试验，弄清了鸟类定翼和滑翔的机理，终于发明了飞机。之后，又受到百灵鸟、蜂鸟的直起直落的启发，发明了直升飞机。现代的许多仪器，也是根据鸟类的各种行为、器官而发明的。

鸟类美丽的羽毛，婉转嘹亮的鸣声，南来北往的迁飞和各种各样的传说，都是文人墨客吟颂的主题，历代留下的名诗佳篇，给文苑增添了无数绚丽奇葩。世界上除了有许多以鸟为题材的歌曲和乐曲外，还有不少模拟鸟鸣声谱写的乐曲。如我国现代民乐中，《鸟投林》、《空山鸟语》、《百鸟朝凤》等，描绘的就是阳春时节百鸟争鸣的动人情景。人类在崇拜和欣赏鸟类的过程中，常常被鸟类优美的舞姿所吸引，许多民族都有以鸟类活动为造型的舞蹈节目。

正因为鸟类与我们人类有着如此密切的关系，目前国际上十分重视鸟类的保护工作，甚至把保护鸟类作为衡量一个国家和地区科学和文化及社会文明的标志之一。现在我们提倡建设生态文明，更应该保护好鸟类，使我们的生存家园成为生态优美、百鸟欢唱、人与自然和谐相处的乐园。

九、蛇

导语

二层东侧中央，背景画面上是巨蟒在爬动，展台上陈列着蛇类的标本，一个醒目的大字"蛇"……

蛇展区

两栖和爬行动物曾经是地球上繁盛的脊椎动物。在庞泉沟，它们一共只有17种。

庞泉沟的两栖动物有5种，最常见的是中国林蛙，它是青蛙的一种。爬行动物有12种，其中8种是蛇，7种无毒。毒蛇和无毒蛇在外表上有一些区别，但关键要看是否有毒牙。蝮蛇是这里唯一的一种毒蛇，在野外遇见它时，千万要小心。

【背景资料】从两栖到爬行动物

在我们今天的世界里，两栖和爬行类动物显得不是那样重要，几乎为人所遗忘。然而，翻开地球生命演化的历史，你会被它们曾经的辉煌所震惊。

大约在66亿年前，银河系内发生了大爆炸。大约在46亿年前，爆炸后的宇宙碎片和散漫物质凝集成了太阳系，其中就包含有我们的地球。

如今，在一些极端嗜热的温泉里，生活着古细菌和甲烷菌，它们可能最接近地球上最古老的生命形式，那里的岩石距今大约有38亿年，这个时间与多数月球表面的岩石年龄一致。在澳大利亚西部瓦拉伍那，发现了35亿年前的微生物化石。

很长的时间，生命在海洋中进化和发展，它们经历了从低等到高等、从无脊椎到脊椎动物的演化。比较著名的是距今5.4亿年前的寒武纪，那是生物界第一次大发展的时期。当时出现了丰富多样且比较高级的海生无脊椎动物，并保存了大量的化石，以我国云南的澄江动物群、加拿大的布尔吉斯页岩生物群最为著名，其中以节肢动物中的三叶虫为代表。之后到了4.1亿年到3.6亿年前的泥盆纪，最初级的脊椎动物——鱼类发展起来，种类繁多，被称为"鱼类的时代"。

两栖动物是首先登上陆地的脊椎动物，是由鱼类进化而来的。既有适应陆地生活的新的身体特征，又有从鱼类祖先那里继承下来的适应水中生活的性状。这些从它们中主要种类——青蛙的变态发育可看得更加明显：青蛙需要在水中产卵，幼体（蝌蚪）接近于鱼类，用鳃呼吸，成体主要用肺呼吸，可以在陆地生活。在距今约3.55亿至2.95亿年的石炭纪，两栖动物进入繁盛的时代。

现代的两栖动物种类有4000多种，其多样性远不如其他的陆生脊椎动物，它们只有3个目，其中以无尾目的蛙类种类最多，分布最广泛。两栖动物虽然也能适应多种生活环境，但是其适应力远不如更高等的其他陆生脊椎动物，既不能生活在海洋里，也不能生存在极端干旱的沙漠中，在寒冷和酷热的季节则需要冬眠或者夏蛰。

爬行动物是第一批真正摆脱对水的依赖，彻底征服陆地的变温脊椎动物，它们皮肤干燥，而且表面覆盖着鳞片或坚硬的外壳，这使它们能离水登陆，在干燥的陆地上生活，可以适应各种不同的陆地生活环境。大多数爬行动物生活在陆地温暖的地方，因为它们需要太阳和地热来取暖，但少数的海龟、海蛇、水蛇和鳄鱼等生活在水里。大部分的爬行动物是卵生动物，它们的胚胎由羊膜所包覆，也有少数能用卵胎生或胎生的方式直接生下后代。

爬行动物也是统治陆地时间最长的动物，其主宰地球是在中生代，距今约 2.5 亿至 6500 万年，称为"爬行动物时代"。其中为人熟知的是在三叠纪后期到白垩纪，恐龙成了地球上的优势动物，形态各异，各成系统，霸占四方。在海洋里，有鱼龙、蛇颈龙等；在天空中，有喙嘴龙、翼手龙等；在陆地上，有各式各样的恐龙。到处是"龙"的天下，因此，被称为"恐龙时代"。

直到距今 6500 万年前的白垩纪末期，地球上发生了最著名的一次生物大灭绝事件。这是一次来自地外空间和火山喷发形成的大灾难，陨星雨的撞击使大量的气体和灰尘进入大气层，以至于阳光不能穿透。黑云遮蔽了地球，全球温度急剧下降，海洋中的藻类和陆地上成片的森林逐渐死亡，食物链的基础环节被破坏，全球生态系统崩溃，大批的动物因饥饿而死亡⋯⋯

灾难的后果是使约 75% ～ 80% 的物种灭绝，其中就有恐龙。只有那些小型的、体温恒定的动物能够坚强地生活下来，之后逐渐变得繁盛、多样化起来，它们最后演化成我们今天的鸟类和哺乳动物。而当时爬行动物中少量的龟鳖类、喙头蜥、蜥蜴、蛇、鳄鱼等，也躲过了劫难，继续存活到现代，而且主要生存于热带与亚热带地区。

就今天的地球来说，虽然已经不是爬行动物的时代，但是爬行动物仍然是非常繁盛的一族，其种类仅次于鸟类而排在陆地脊椎动物的第二位。爬行动物现在到底有多少种？一时还很难说清，新的种类还在不断被鉴定出来。据估计，现存爬行动物大约有 8200 多种，其中半数属于蛇。

今天看来，我们人类来到地球不过数百万年的历史，只是地球生命演化史上很渺小的一员，我们经历的沧桑还很平淡，我们应对灾难的能力还很微弱⋯⋯

十、昆虫的世界

导语

二层东侧中央，花草丛中，彩蝶飞舞，青草地上，各种各样的甲虫栖身其间。背景墙上清晰醒目的图版告诉我们，已经来到了昆虫的世界。

昆虫展区

昆虫是世界上最大的动物类群，是无脊椎动物的统治者，是所有生物中种类及数量最多的一个类群。它们是当今世界上最繁盛的动物，已发现100多万种。

昆虫属于节肢动物门中的昆虫纲。身体的基本特点是：一对触角头上生，两对翅膀三双足，体分三段头、胸、腹。它们和脊椎动物不同，是骨骼包围着肌肉。许多昆虫要经过卵、幼虫、蛹、成虫等发育阶段。许多昆虫会叫，但仅限于雄性，雌性不会鸣叫。

【背景资料】最繁盛的动物

昆虫和蜘蛛、蜈蚣、蝎子、龙虾等是近亲，同属于节肢动物门，但它们独立成为一个纲——昆虫纲，也是动物界中最大的一个类群。最近的研究表明，全世界的昆虫可能有1000万种，约占地球所有生物物种的一半。按最保守的估计，世界上至少有300万种昆虫，但目前有名有姓的种类仅100万种，占动物界已知种类的2/3～3/4，现在世界上每年大约能发现1000个昆虫新种。

昆虫不仅种类多，而且同一种昆虫的个体数量也很多，有的个体数量大得惊人。一个蚂蚁群个体可多达50万只。一棵树可拥有10万只的蚜虫。在森林里，每平方米可有10万头弹尾目昆虫。蝗虫大发生时，个体数可达7亿～12亿之多，总重量约1250～3000吨，群飞覆盖面积可达500～1200公顷，可以说是遮天蔽日。

昆虫是当今世界上最成功的生物。从赤道的丛林到两极的冰原，从大洋的海水到陆地的河流湖泊，从山溪温泉到低地的死水塘，从富饶的湿地到干旱的沙漠，高至世界屋脊——珠穆朗玛峰，下至几米深的土壤，甚至是原油池中，都有昆虫的存在。昆虫分布之广，没有其他任何动物可以与之相比，这也说明昆虫对环境有惊人的适应能力。

有翅能飞：昆虫是无脊椎动物中唯一有翅的一类，飞翔能力的获得，给昆虫在觅食、求偶、避敌、扩散等方面带来了极大的好处。

繁殖力强：如果需要，1只蜜蜂王后一生可产卵百万粒。有人曾估算，1只孤雌生殖的蚜虫，若后代全部成活并继续繁殖的话，半年后蚜虫总数可达6亿个左右。强大的生殖潜能是种群繁盛的基础。

体小灵活：大部分昆虫的体型较小，不仅少量的食物即能满足它们的营养需求，而且使其在生存空间、灵活度、避敌、顺风迁飞等方面具有很多优势。

取食器官多样化：昆虫有咀嚼式（如虫子）、嚼吸式（如蜜蜂）、舐吸式（如苍蝇）、刺吸式（如蚊子）、虹吸式（如蝴蝶）等多种多样的口器，一方面避免了对食物的竞争，另一方面，部分程度地改善了昆虫与取食对象的关系。

具有变态发育：绝大部分昆虫一生有不同的变态，幼虫期与成虫期个体在形态、生存环境及食性上差别很大，这样就避免了同种或同类昆虫在空间与食物等方面的需求矛盾。

适应力强：由于生命周期较短，昆虫比较容易把对种群有益的基因突变保存下来，因此，对温度、饥饿、干旱、药剂等，均有很强的适应力。对于周期性或长期的不良环境，昆虫还可以休眠或滞育。如某些蚂蚱，以卵度过干旱的夏季，待潮湿时再行发育。在干燥条件下，伊蚊的卵进入休眠期，如放入水中，迅速孵化。蝉可以在土壤中生活17年之久。

昆虫种类这么多，它们的生活方式与生活场所必然是多种多样的，不过，按它们主要活动场所来划分，大致可分为五类。

(1)在空中生活的昆虫：这些昆虫成虫期具有发达的翅膀，寿命比较长。如蜜蜂、蜻蜓、苍蝇、蚊子、蝴蝶等。昆虫在空中活动阶段主要是进行迁移扩散、寻捕食物、婚配求偶和选择产卵场所。

(2)在地表生活的昆虫：大多数昆虫种类是在地表活动的，常见的有蟑螂等，这类昆虫一般无翅，只能爬行和跳跃。很多善飞的昆虫，其幼虫期和蛹期也都是在地面生活。还有寄生性昆虫和专以腐败动植物为食的昆虫，也大部分在地表活动。

(3)在土壤中生活的昆虫：这些昆虫都以植物的根和土壤中的腐殖质为食料。由于它们对植物根的啃食而成为农业、果树和苗木的一大害。这些昆虫最害怕光线，白天很少钻到地面活动，晚上和阴雨天是它们最适宜的活动时间。常见的有蝼蛄、蟋蟀、地老虎（夜蛾的幼虫）等。

(4)在水中生活的昆虫：有的昆虫终生生活在水中，如负子蝽、田鳖、划蝽、龙虱、水龟虫等。有些昆虫只是幼虫（特称它们为稚虫）生活在水中，如蜻蜓、石蛾、蜉蝣、蚊子等。水生昆虫大部分种类有扁平而多毛的游泳足，用于划水。

(5)寄生性昆虫：这类昆虫的体型比较小，活动能力比较差，眼睛的视力也较弱。有些寄生性昆虫终生寄生在哺乳动物的体表，依靠吸血为生，如跳蚤、虱子等。有的则寄生在动物体内，如马胃蝇。另一些昆虫寄生在其他昆虫体内，对人类有益，可利用它们来防治害虫，称为生物防治。这些昆虫主要有小蜂、姬蜂、茧蜂、寄蝇等。

大多数昆虫体型较小，一般不到6厘米，但大小相差悬殊。皇蛾仅分布在东南亚，是最大的蛾，它翼展可达30厘米。从重量来说，热带美洲的巨大犀金龟，比一枚鹅蛋还大，重量竟有约100克。从体长来说，生活在马来半岛的一种竹节虫，体长比一只铅笔还要长，有270毫米。世界上最小最轻的昆虫是一种卵蜂，体长仅0.21毫米，体重只有0.005毫克。折算一下，20万只才1克。

昆虫形态多样，生活习性不一。许多昆虫的两性结构不同，如捻翅目的雌虫仅成一个充满了卵的不活动的袋状构造，而雄虫有翅，非常活跃。某些昆虫（如蜉蝣）只在幼虫期取食，而成体不取食。蚁后和白蚁后可以活50年以上，而有的蜉蝣成虫的寿命不到两小时。

我国幅员辽阔，自然条件复杂，是世界上昆虫种类最多的国家之一。一般来说，中国的昆虫种类占世界种类的1/10，应该定名的至少应有几十万种左右，可目前已发现和定名的昆虫只有5万多种，要赶上世界目前的先进水平，还任重道远。

昆虫在生物圈中扮演着很重要的角色。大部分植物需要得到昆虫的帮助，才能传播花粉，昆虫传播了花粉，也在植物那里得到蜂蜜的回报。多数昆虫是生态系统的初级消费者，它们以植物为食，它们本身又是很多小动物的食物，在食物链中充当重要的环节。假如地球上没有了昆虫，就不会有我们今天的生物世界。

【背景资料】昆虫与人类的关系

昆虫和人类统治着今天动物世界的两端，昆虫统治的是无脊椎动物，而我们人类，如果算成是一种动物的话，毫无疑问，是脊椎动物的统治者。而这个地位，随着今天人类的发展，正发生着快速的改变。因为人要从自然中获得生活资料，要改造自然，要同昆虫争夺资源，看起来人类大有要统治昆虫世界之势。

很长的时间里，我们把昆虫分为益虫和害虫。益虫就是那些有益于我们生产和生活的昆虫。如蜜蜂、蚕等提供了蜂蜜、蜂蜡、蚕丝等重要产品；螳螂、蜻蜓等捕食有害昆虫。害虫是危害人类生产和生活的昆虫。如蚜虫危害大部分农作物和观赏植物；蝗虫一直是人类农业生产的灾害，人蝗大战的历史一直演绎到现代；蟑螂、苍蝇、蚊子等在谷物、家畜和人之间传播疾病。

人对昆虫的益害观，往往是从人们特定的经济利益条件出发。益虫和害虫也是相对而言的，益虫会做对人类有害的事，害虫也会做有益的事，只是程度不同罢了。如说蚂蚁是害虫，那是因为蚂蚁会破坏木材、建筑等。说蚂蚁是益虫，一般是指它是一种中药材，对一些疾病的治疗有帮助。据估计，昆虫中有48.2%是植食性的；28%是捕食性的；6.5%是寄生的；还有17.3%食腐败的生物有机体和动物排泄物。这个为我们大致划出了昆虫的益害轮廓，但是这只不过是个自然现象，人类同昆虫的关系要复杂得多。

随着人们对有害昆虫防控能力的提高，现代高效农药以及生物防治技术等出现，我们对小小昆虫的危害似乎不屑一顾。相反，随着对生态现象的不断认识，昆虫在我们生活中的重要性也越来越得到人们的重视。一般认为：许多昆虫是地球生态系统的分解者，它们帮助细菌和其他生物分解有机质，有助于生成土壤。昆虫和花一起进化，许多植物的花要靠昆虫传播花粉，而后得以繁衍。

20世纪以来，世界人口的增长速度加快。据联合国教科文组织估算，21世纪，全球的人口将突破100亿，粮食等资源问题，仍然是人类未来面临的主要问题。世界上许多国家和地区，都有食用昆虫的习惯。据有关研究资料报道，昆虫体内的蛋白质含量极高，烤干的蝉含有72%的蛋白质，黄蜂含有81%的蛋白质，白蚁体内的蛋白质含量比牛肉还高。昆虫血浆中含有的游离氨基酸，远远高出人血浆中的含量。

"天生万物皆有用"，某几种昆虫作为人类最直接动物蛋白质来源的设想，也许随着生物技术的发展，可能成为现实。但我们相信，昆虫留给人类的远不止我们现在了解到的这些。在保护生物多样性的今天，我们虽然不至于提出"保护昆虫"的口号，但我们对待自然与万物的态度确实应发生改变，文明与进步不只是人类对自然的开发利用，更多包含的是人与自然的和谐统一。

十一、昆虫标本展柜

导语

一列玻璃展柜内，整齐地排列着形形色色的昆虫标本。展柜的上面是一幅幅高清的昆虫照片，结合分门别类的简介，引领我们进入昆虫的王国。

昆虫标本展柜

昆虫的确切种类至今也无定论，因为世界各地每年均有新的种类发现。经过山西农业大学等科研院所的老师和同学们多年的工作，在庞泉沟已发现了1000多种昆虫。

昆虫中种类较多的有鞘翅目——甲虫，鳞翅目——蝶类和蛾类，膜翅目——蜜蜂和蚂蚁，双翅目——苍蝇和蚊子，半翅目——椿象和臭虫，直翅目——蝗虫和蟋蟀。

【背景资料】昆虫的主要类群

昆虫是动物界节肢动物门的一个纲，总纲，还是一个亚门，它们分为多少目，各个目的系统分类地位如何排列，都是科学上长期争论的问题。最新研究推出六足总纲（Hexapoda）这个新的分类系统，相当于广义的昆虫纲。

六足总纲 Superclass Hexapoda

原尾纲 Class Protura

　　1）蚖目 Order Acerentomata

　　2）华蚖目 Order Sinentomata

　　3）古蚖目 Order Eosentomata

弹尾纲 Class Collembola

　　4）弹尾目 Order Collembola

双尾纲 Class Diplura

　　5）双尾目 Order Diplura

昆虫纲 Class Insecta

单髁亚纲 Subclass Monocondylia

　　6）石蛃目 Order Archaeognatha

双髁亚纲 Subclass Dicondylia

衣鱼部 Division Zygentoma

　　7）衣鱼目 Order Zygentoma

有翅部 Division Pterygota

蜉蝣总目 Superorder Ephemeropterodea

　　8）蜉蝣目 Order Ephemeroptera

蜻蜓总目 Odonatodea

　　9）蜻蜓目 Order Odonata

襀翅总目 Superorder Plecopterodea

    10）襀翅目 Order Plecoptera

    11）纺足目 Order Embioptera

直翅总目 Superorder Orthopterodea

    12）直翅目 Order Orthoptera

    13）竹节虫目 Order Phasmatodea

蜚蠊总目 Superorder Blattodea

    14）蜚蠊目 Order Blattaria

    15）螳螂目 Order Mantodea

    16）螳螂竹节虫目 Order Mantophasmatodea

    17）等翅目 Order Isoptera

    18）革翅目 Order Dermaptera

    19）蛩蠊目 Order Grylloblattodea

    20）缺翅目 Order Zoraptera

半翅总目 Superorder Hemipterodea

    21）啮虫目 Order Psocoptera

    22）虱目 Order Phthiraptera

    23）缨翅目 Order Thysanoptera

    24）半翅目 Order Hemiptera

鞘翅总目 Superorder Coleopterodea

    25）鞘翅目 Order Coleoptera

脉翅总目 Superorder Neuropterodea

    26）广翅目 Order Megaloptera

    27）蛇蛉目 Order Raphidioptera

    28）脉翅目 Order Neuroptera

膜翅总目 Superorder Hymenoptrodea

    29）膜翅目 Order Hymenoptera

长翅总目 Superorder Mecopterodea

    30）毛翅目 Order Trichoptera

    31）鳞翅目 Order Lepidoptera

32) 长翅目 Order Mecoptera

33) 蚤目 Order Siphonaptera

34) 双翅目 Order Diptera

35) 捻翅目 Order Strepsiptera

六足总纲的分类系统，如同当今昆虫的家谱，使其间的复杂亲缘关系一目了然。在这个庞大的王国里，我们摘其最主要的种类，陈述如下：

1. 鞘翅目

鞘翅目是昆虫纲中的第一大目，通称"甲虫"。占昆虫总数的40%，在中国记载 7000 余种。它们的前翅呈角质化，坚硬，无翅脉，称为"鞘翅"，因此而得名。这类群属完全变态，幼虫因生活环境和食性的不同，而有各种形态。

此类昆虫的适应性很强，有咀嚼式口器，食性很广，分为：植食性——各种叶甲、花金龟，肉食性——步甲、虎甲，腐食性——阎甲，尸食性——葬甲，粪食性——粪金龟。

2. 鳞翅目

鳞翅目是昆虫纲中第二大目，由于身体和翅膀上被有大量鳞片而得名。蝴蝶是一类日间活动的鳞翅目昆虫，有明亮的色彩和棒状的触角，休息时四翅合拢竖立在背上。

中国的蝴蝶种类有 1300 余种，都是惹人瞩目的昆虫。蝴蝶属完全变态昆虫，即一生经历卵、幼虫、蛹、成虫等阶段。幼虫多以植物为食，成虫则以虹吸式口器吸食花蜜。

蛾类是鳞翅目中最大的类群，占到鳞翅目种类的 9/10 左右。蛾类的外观变化很多，大多数蛾类夜间活动，体色黯淡；也有一些白天活动，色彩鲜艳的种类。不过，蛾类触角和蝴蝶有所区别，蛾类们没有棒状的触角末端，而是呈现丝状、羽毛状等其他样式；另外，大多数蛾类的前后翅是依靠一些特殊连接结构——翅缰和翅轭，来达到飞行时的翅膀连接的，使得蛾类和蝴蝶有了更多的区别方式。蛾类同样是完全变态昆虫，由于幼虫的寄主很多是人类的食物来源，蛾类也就成为了和人类关系更为密切的"有害"昆虫。

3. 蜻蜓目

蜻蜓目在昆虫纲中是比较原始的类群，也是较小的一个目。蜻蜓目分为三个亚目：差翅亚目统称"蜻蜓"，身体粗壮，休息时翅膀平展于身体两侧；均翅亚目统称"蟌"，身体细长，休息时翅膀束置于背上；以及发现于日本和印度的两种间翅亚目昆虫，其拥有粗壮的身体和束置于背上的翅膀。全世界约有 5000 种，中国有 300 多种。蜻蜓目属不完全变态昆虫，稚虫"水虿"在水中营捕食性生活。成虫也为肉食性种类，捕食小型昆虫，飞行迅速，性情凶猛。

4. 双翅目

双翅目包括蚊、蠓、蚋、虻、蝇等，是昆虫纲中较大的目。由于成虫前翅为膜质，后翅退化成"平衡棒"而得名。双翅目分为长角、短角和环裂三个亚目。长角亚目的触角在 6 节以上，包括蚊、蠓、蚋，是比较低等的类群；短角亚目触角在 5 节以下，一般 3 节，通称"虻"；环裂亚目就是我们通称的"蝇"。

5. 膜翅目

膜翅目的特征明显，包括嚼吸式口器，前后翅连接靠翅钩完成等。本类群分布很广，已知种类 100000 多种，估计至少 250000 种，包括各种蚁和蜂。根据腹部基部是否缢缩变细，分为广腰亚目和细腰亚目。广腰亚目是低等植食性类群，包括叶蜂、树蜂、茎蜂等类群；细腰亚目包括了膜翅目的大部分种类，包括蚁、黄蜂和各种寄生蜂等。

6. 半翅目

半翅目，也叫异翅目。此类昆虫通称"椿象"。已知有 38000 余种，是昆虫纲中的主要类群之一。半翅目昆虫的前翅在静止时覆盖在身体背面，后翅藏于其下。由于一些类群前翅基部骨化加厚，成为"半鞘翅状"而得名。口器为刺吸式口器，以植物或其他动物的体内汁液为食。属不完全变态昆虫。其腹部有臭腺，遇到敌害会喷射出挥发性臭液，因此也被称为"臭虫"。

7. 直翅目

直翅目是一类较常见的昆虫，包括螽斯、蟋蟀、蝼蛄、蝗虫等，全世界已知 20000 种以上，分布很广。成虫前翅稍硬化，称为"覆翅"，后翅膜质。本类群为不完全变态，若虫和成虫多以植物为食，对农、林、经济作物都有为害；少数种类为杂食性或肉食性。直翅目是较原始的昆虫类群，起源于原直翅目，在上石炭时期已经分成了触角较长的螽斯类和触角较短的蝗虫类。其中很多种类由于有鸣叫或争斗的习性，成为传统的观赏昆虫，比如斗蟋和螽斯。

昆虫纲种类繁多，形态各异，但是拥有外骨骼、三对足是它们的共同特征。除了上述最主要的 7 个目，其他许多种类也是我们熟识的："朝生暮死"的蜉蝣目——蜉蝣；歌声嘹亮的同翅目——蝉；捕食凶猛的螳螂目——螳螂；无所不在的蜚蠊目——蟑螂；令人讨厌的虱目——体虱，蚤目——人蚤等等。不管你喜欢与否，它们都在我们的生活中占有一席之地。

十二、植物标本

导语

二层东侧，是植物标本展区。图版和标本结合，主要展示了庞泉沟常见的木本植物。

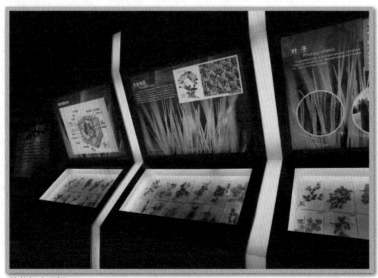

植物标本展柜

　　植物是地球上庞大的生物类群，据估计现存大约有35万种。它们中的大多数能通过光合作用，吸收太阳的能量，释放氧气，养育动物，所以它们又是地球生态系统中的生产者。

　　植物分为低等植物与高等植物。低等植物包括藻类和地衣，形态上无根、茎、叶分化；高等植物分为苔藓植物、蕨类植物和种子植物，形态上有根、茎、叶分化。

　　种子植物是最高等的植物类群，它们也是我们日常所称的"植物"，又可分为裸子植物和被子植物。庞泉沟海拔高差大，植物种类繁多，种子植物有900多种。

　　覆盖地表的植物群落总称为植被，植被垂直可分为乔木、灌木和草本。乔木、灌木多年生，又形成木本植物，和草本对应。由于空间和观赏等原因，馆内只展出部分比较常见的、有代表性的木本植物标本。

【背景资料】植物标本的制作与鉴定

　　植物标本是植物分类和教学的有力手段之一，它不受区域性、季节性的限制，同时，植物标本也便于保存植物的形状、色彩，以便日后的重新观察与研究。

　　植物标本中最常见的是腊叶标本，又称压制标本。腊叶标本制作通常是将新鲜的植物材料用吸水纸压制，干燥后装订在白色硬纸上，这种纸称为台纸，最后制成标本。制作过程包括修整、压制、上台纸、贴标签、保存等一系列专业过程。

　　完整的植物标本应包含植物的根、茎、叶、花、果实等不同部分，各部分不同的形状特征，是植物分类与鉴定的主要依据。

　　根有固定植物及吸取水分和肥料的功能，可分为轴根、须根两种。

　　茎有支撑植物身体及运输水分及氧分的功能，可分为木本茎、草本茎、藤蔓（攀缘）茎等。

　　叶有通过光合作用利用无机物产生有机物并且贮存能量、释放氧气及散发水分的功能，有各种形状，如针形、披针形、圆形、椭圆形、长椭圆形、心形、掌形、卵形、三角形等。叶子的边缘可分为全缘、锯齿、波浪等形状。叶子具有叶脉，有输送水分及养分的功能，可分为：网状叶脉、平行叶脉两种。

花有招蜂引蝶，繁育后代的功能。有花冠（花瓣）、雄蕊（产生花粉）、雌蕊（制造花蜜及子房）、花萼等构造。花的形状多种多样，有的是单独一朵生在茎枝顶上或叶腋部位，称单顶花或单生花，如玉兰、牡丹、芍药、莲、桃等。但大多数植物的花，是密集或稀疏地按一定排列顺序，着生在特殊的总花柄上，花在总花柄上有规律的排列方式称为花序。花序的种类有多种类型，如荠菜、油菜等的总状花序，禾本科、莎草科等的穗状花序，杨、柳等的柔荑花序，梨、苹果、樱花等的伞房花序，人参、五加等的伞形花序，蒲公英、向日葵等的头状花序，无花果、薜荔等的隐头花序。

花凋谢后子房慢慢长大变成果实，果实吸引动物食用，连种子被动物一起吃进肚子里，随动物移动而四处散布，长出新的植物。果实可分为浆果、核果、荚果、塑果、翅果等多种类型。种子长在果实里面或表面，故有裸子植物和被子植物之分。

第四篇 自然保护区的功能

一、保护区管理机构

导语

　　二层南侧墙面的一组图片为保护区办公楼、全国示范保护区领导考察美国保护区、森林防火监控系统、空气质量监测站、野生动植物监测样线样方等，集中展示出自然保护区的风貌和功能。

　　自然保护区是公益性事业单位，开展生物多样性保护、科学研究、自然保护宣传教育等是自然保护区管理机构的主要职能。自然保护区作为生态保护的主要载体，通过有效保护，实现"人与自然和谐相处"。

　　庞泉沟保护区管理机构的名称为"山西庞泉沟国家级自然保护区管理局"，目前被国家确定为全国"示范保护区"，各项工作相对规范，发挥保护区的典型示范作用，也是庞泉沟保护区当前工作的一个重点。

庞泉沟自然保护区管理局

背景资料【人与自然和谐相处示范区】

21世纪，生态环境的重要性已被全人类所共识，建设生态文明的现代化国家，是时代的最强音。自然保护区作为生态建设的排头兵，"开展科学研究；保护生物多样性；保护自然、文化和历史遗产；满足社会的文化需求；探索自然资源合理利用的最佳方式"是自然保护区的主要功能。

2006年，在我国自然保护区建设历程50年之后，国家林业局提出了以"典型示范谋全局，典型带动抓落实"为主题的示范自然保护区建设，在其所管理的230多处国家级自然保护区中，选定51个保护价值大、管理相对规范的保护区，作为"全国林业示范自然保护区建设单位"，即"示范保护区"加以重点建设，逐步探索和形成我国自然保护区建设和管理的典型模式，推动我国自然保护区从规模数量型到质量效益型转变，为全国自然保护区发展发挥指导和示范作用。庞泉沟保护区是山西省唯一的一个示范自然保护区。

庞泉沟保护区是山西省最早进入国家级的保护区。1993年，首批加入中国"人与生物圈"保护区网络。保护区管理机构名称为"山西庞泉沟国家级自然保护区管理局"，为副县处级单位，由省林业厅领导。机构内设办公室、财务室、科研宣教室、资源保护室、综合管理室5个职能科室，下设阳坨台、黄鸡塔、大草坪、神尾沟4个保护站和褐马鸡繁育救护中心。现有职工49人。根据国家有关规定，自然保护区管理机构的主要职责是：①贯彻执行国家有关自然保护的方针、政策和法规；②对保护区的自然环境和自然资源，进行资源考察，建立资源档案；③制定规章制度，统一管理区内的各项活动；④开展科学研究和自然保护宣传教育工作；⑤协助地方政府安排好区内居民的生产和生活；⑥在保护好环境资源的前提下，进行合理的经营活动。庞泉沟自然保护区管理局认真贯彻执行国家自然保护区管理的方针政策，不断创新内部管理，完善制度建设，提高职工素质，发挥自然保护区管理机构职能。

保护好世界珍禽褐马鸡，保护好辖区完好的森林环境和生物多样性，保持生态安全，是庞泉沟保护区最主要的职责。

火是森林的大敌，森林防火工作是保护区的首要工作任务。保护区健全局、科、站、员四级保护管理体系，划定每一名管护人员的管理责任区，实行目标责任制管理。坚持防范为主的方针，面对320省道过境，车辆频繁，旅游来往等隐患情况，认真对过往车辆登记，加大巡查力度，严格控制火源，确保万无一失。建立了社区联防制度，每年召开森林防火工作例会，加强组织动员，扩大宣传，落实责任，联防共管。

庞泉沟木材资源优良，林区群众长期以来形成的靠山吃山的习俗很难改变，防止偷砍乱伐工作必需持久地开展。保护区积极推行管理局同林区公安派出所相结合的"区所合一"管理模式，在资源保护方面实行公安民警负责制，强化公安队伍在资源保护中的核心职能，建立起以民警为执法主体、保护站和木材检查站密切配合的执法体系。利用法律武器，严格进行资源管理，加大巡查和依法打击力度，偷砍滥伐的非法行为基本制止。

积极落实自然保护区监测工作的职能，努力推进巡护中的监测。每名保护站人员配备有摩托车、GPS、望远镜、数码相机、红外线相机等，工作人员使用GPS开展巡护，在巡护中开展野生动植物的监测，将监测资料应用地理信息系统进行分析和管理，依靠监测结论实施科学保护。

通过卓有成效的工作，主要保护对象褐马鸡的生存环境持续改善，种群数量大幅度增长，从1980年的500余只增加到2000余只，形成稳定的种群。生物多样性得到有效的保护，生态系统保持完好的自然状态，森林覆盖率由1980年的79%增加到86%，森林蓄积由74万立方米增加到146万立方米，实现了建区连续30多年无森林火灾。

国家对国家级保护区建设的投入不断增大，1992～2011年，先后投入一、二、三期工程项目建设，累计投资2000多万元。

保护区按照国家批准的《山西庞泉沟国家级自然保护区总体规划》的建设目标，一、二期工程系统建设了界碑、界桩，建立了1500平方米科研综合楼，建立了4个保护及生态监测站和褐马鸡繁育救护中心。2010～2011年，进行了三期工程建设。建成集现代视频与通讯技术为一体的森林防火微波监控系统，改善了保护区森林防火的监测手段。褐马鸡栖息地改造等工程，为世界珍禽的科学保护另辟新径。30条野生动物监测样线、40块植物监测样方布设，自动气象站和水文水质监测站建成，将保护区的监测工作推向深入。900平方米的访问者中心和生态标本馆改建完成，大力提高了保护区的宣教能力。在大沙沟、八道沟等重要生态旅游线路上建设"生态教育小径"，系统设立100余处介绍保护区生态环境保护、野生动物知识科普宣传牌。三期工程的建设，使庞泉沟保护区的功能得以良好发挥。

自然保护区的建设离不开当地社区群众的参与，保护区立足社区实际，积极同当地政府协调配合，加强资源保护，积极发展生态旅游产业，促进保护区内群众致富和新农村建设，构建和谐社区。

二、保护森林生态系统

导语

访客中心每个展区的背景画面，是一幅幅巨型的庞泉沟森林照片，它们与展区场景协调一致，配合参观者视角的变换，巧妙搭配，使访客犹如置身于浩瀚的大森林。

庞泉沟保护区有着华北地区保存完好并且罕见的天然林，在这片古老的森林里，树木与周围环境构成了一个有机的整体，为众多的野生动物提供了栖身场所，形成完整的生态系统，而保护这些生态系统的安全，就是科学意义上的保护工作。再专业一点说，叫做保护生物多样性，包括遗传多样性、物种多样性和生态系统多样性。其中，物种多样性，即物种的丰富程度，是生物多样性的简单度量。也就是：一个区域物种越丰富，那么这个区域生物多样性就越好。

保存完好的天然林

　　森林中高大、有明显主干的树木叫乔木，分为针叶树和阔叶树两种，林下有灌木，而乔木林外成片的灌木也可成林，称为灌木林。庞泉沟有四种针叶树形成的森林。最多的一种在冬天落叶，叫华北落叶松，它的特点是许多个叶子环型长成一簇，叫针叶簇生。另外三种是四季常青树：两种云杉和油松。云杉松针很短，针叶是单生的，很多地方用它做圣诞树。两种云杉树是白杆和青杆，它们的名字同树叶的颜色一致，一种白绿，另一种青绿，在野外一眼就可分辨。油松的松针在这四种树中最长。阔叶树有山杨、红桦、白桦和辽东栎等。沙棘是这里最主要的灌木林。

【背景资料】庞泉沟的森林

　　森林是庞泉沟植被的主体，主要是针叶林和落叶阔叶混交林，还有部分灌木林，庞泉沟的森林是我国暖温带罕见的保存完好的大面积天然林。由于是自然保护区，这里的森林在经营上规定为特种用途林，原则上是不允许采伐的。

　　庞泉沟森林最主要的是华北落叶松林，这种森林主要在华北地区海拔较高的山地生长，在整个吕梁山脉上，有零星分布，像庞泉沟这样集中的分布，实属罕见。华北落叶松俗称"红杆"，因冬季落叶而得名。其林相整齐，生长良好，树干通直，是主要的建筑用材，庞泉沟保护区森林植被的40%都是它。

在华北落叶松林中，镶嵌着一类常绿的云杉树，它更耐寒冷，分布在海拔相对较高的1800～2500米地段。它枝条茂盛，针叶细密，互相交织构成巨大的华盖，形似雨伞，遮天蔽日。庞泉沟的云杉有青杆和白杆两种，多生长在更为阴凉的背阳山坡，是典型的喜阴树种。

庞泉沟的针叶林除常见的华北落叶林、云杉林外，还有油松林，也是常绿树。油松林的适宜生长海拔比华北落叶松林要低，在保护区内，主要分布在吕梁山脉西坡较温暖的阳圪台，海拔1800米以下。油松是我国北方的主要造林树种，为我国特有。油松的木材纹理较直，材质坚硬，耐磨耐腐，树脂可提炼松香和松节油。在距八道沟口2公里的河谷处，也可看到零星的油松。

杨桦林、辽东栎林是阔叶类型的森林，冬季落叶，是构成阳坡或半阳坡、半阴坡森林植被的主要类型。杨树的种类很多，庞泉沟成林的有山杨，是喜光耐寒树种，多与落叶松、云杉混交。沟谷中还有青杨等多个杨树的种类。

庞泉沟桦树主要有白桦和红桦。白桦集中分布于海拔1300～2000米的阴坡或半阴坡，多与落叶松、云杉混交。白桦林是中国北方、俄罗斯、朝鲜、日本等地的常见森林。文艺界常用白桦林为题材进行创作，如中国歌手朴树的代表作《白桦林》、电影《白桦林中的哨所》等。红桦，分布比白桦较高，一般见于海拔2000～2500米的阴坡或半阴坡。树皮暗红色，易分层剥落和脱皮。

庞泉沟另一种常见的阔叶树是辽东栎，它是一种坚硬的硬杂木，在庞泉沟，树长不成大材，零星生长于中山的阳坡之上。它和杨桦林不同，是原生性的森林，即土生土长的森林种类。而杨桦由于适应性更强，是次生性的，即后来者。

灌木是没有明显主干的木本植物，它比高大的乔木——所谓的树低矮了许多，同样，它们也是森林绿色的重要组成。

耐旱的沙棘丛广泛分布于沟谷、阳坡，是华北、西北地区常见的灌木，环绕着林缘，遍布向阳的山坡，它是典型的喜光植物。在庞泉沟，沙棘林是最主要的灌木林。

沟谷中水分充足，山柳、山榆等灌木茂盛生长。低山的阳坡上，树木没有很好地生长，却有山杏、山桃、毛樱桃、稠李、八仙花、太平花、绣线菊等许多灌木，每到春天，它们都和桃李一样，能开出芬芳的花朵，或红、或粉、或白，一团团、一簇簇，到处可见，把山林点缀得艳丽芬芳。

林下的灌木多种多样，秋日的密林内，各种各样的忍冬科植物结出鲜艳的果实，但只是中看不中吃；桦木科毛榛子的坚果美味可口；蔷薇科的山定子、野山楂、茶藨子，它们的植株或果实都带有刺，结出的果实是可以吃的，酸的、甜的，口味不一；灰栒子、水栒子在林下丛生，它们同这里的树木一起，构成了森林繁杂而多样的植物大家庭。

旅游林荫道

来庞泉沟旅游，最大的享受是"森林浴"，就是沐浴森林里的新鲜空气。庞泉沟森林中的空气清洁、湿润，没有污染，氧气充裕。树木散发出的挥发性物质，具有刺激大脑皮层、消除神经紧张等诸多妙处。有的树木还可以分泌能杀死细菌的物质。更主要的是森林里有更多对人体健康有益的"负氧离子"。

【背景资料】造福人类的森林

森林是人类的老家，人类的祖先最初就生活在森林里，他们靠采集野果、捕捉鸟兽为食，用树叶、兽皮做衣，在树枝上架巢做屋……。森林提供给人类包括果实、种子、根茎、菌类等各种食物，森林里的动物还给人们提供高级的动物蛋白。泰国的某些林业地区，60%的粮食取自森林。直到今天，森林仍然为我们提供着生产和生活所必需的各种资源。据估计，全世界仍然有3亿人以森林为家，靠森林谋生。

木材的用途很广，造房子、开矿山、修铁路、架桥梁、造纸，做家具……森林为千百万人提供了就业机会。并且，森林提供的林产品也丰富多彩，松脂、栲胶、虫蜡、香料等等，都是轻工业的原料。

薪柴是一些发展中国家的主要燃料。世界上约有20亿人靠木柴和木炭做饭。像布隆迪、不丹等一些国家，90%以上的能源靠森林提供。

我国和印度使用药用植物已有5000年的历史，今天世界上大多数的药材仍旧依靠草本植物和树林取得。在发达国家，1/4药品中的活性配料来自药用植物。

以上只是森林的直接用途，森林更主要的作用就是它的生态功能，对于今天人与自然矛盾日益加剧的地球来说，森林就像大自然的"调节器"，调节着自然界中空气和水的循环，影响着气候的变化，保护着土壤不受风雨的侵犯，减轻环境污染给人们带来的危害，为我们营造了良好的生存家园。

森林被称为"地球之肺"，每一棵树都是一个产生氧气和吸收二氧化碳的机器。一棵椴树一天能吸收16公斤的二氧化碳，150公顷杨、柳、槐等阔叶林一天可产生100吨氧气。城市居民如果平均每人占有10平方米树木或25平方米草地，他们呼出的二氧化碳就有了去处，所需要的氧气也有了来源。

"青山常在，碧水长流"，树总是同水联系在一起。森林能涵养水源，在水的自然循环中发挥重要的作用。雨水被树冠截留后，落到树下的枯枝落叶和疏松多孔的林地土壤里，被蓄留起来，有的被林中植物根系吸收，有的通过蒸发返回大气，有的形成了森林里的溪流。1公顷森林一年能蒸发8000吨水，使林区空气湿润，降水增加，冬暖夏凉，这样它又起到了调节气候的作用。

森林能防风固沙，防止水土流失。狂风吹来，它用树身树冠挡住风的去路，降低风速，树根又长又密，抓住土壤，不让大风吹走。大雨降落到森林里，慢慢落到林下，冲不走土壤。据非洲肯尼亚的记录，当年降雨量为500毫米时，农垦地的泥沙流失量是林区的100倍，放牧地的泥沙流失量是林区的3000倍。要防止沙漠化和水土流失，最有效的方法就是植树造林。

随着社会的发展，人们城市生活的紧张，不少人愿意到大自然中去领略大森林对人体的各种益处，感受大森林的乐趣。

当你步入苍翠碧绿的林海里，会骤感舒适，疲劳消失。这是因为，森林中的绿色，不仅给大地带来秀丽多姿的景色，而且它能通过人的各种感官，作用于人的中枢神经系统，调节和改善人体的机能。据调查，绿色的环境能在一定程度上减少人体肾上腺素的分泌，降低人体交感神经的兴奋性。它不仅能使人平静、舒服，而且还使人体的皮肤温度降低$1 \sim 2℃$，脉搏每分钟减少$4 \sim 8$次，能增强听觉和思维活动的灵敏性。绿色对光反射率达$30\% \sim 40\%$时，对人的视网膜组织的刺激恰到好处，它可以吸收阳光中对人眼有害的紫外线，使眼疲劳迅速消失，精神爽朗。

科学家最新研究还发现，森林和原野里有一种对人体健康极为有益的物质——负离子，常常把空气负离子统称为"负氧离子"。负氧离子被誉为"空气维生素"，它能促进人体新陈代谢，使呼吸平稳、血压下降、精神旺盛以及提高人体的免疫力。有人测定，在城市房子里，每立方厘米只有四五十个负离子，林荫处则有一二百个，而在森林、山谷、草原等处则达到一万个以上，是城市的200倍。

绿色植物的光合作用还能吸收有害气体。据报道，0.4公顷林带，一年中可吸收并同化100吨的污染物。1公顷柳杉林，每年可吸收720千克的二氧化硫。因此，森林中的空气清新洁净。

森林中的树木，如杉、松、杨、栎树等能分泌出一种带有芳香味的"萜类"气体，能够杀死空气中的白喉、伤寒、结核、痢疾、霍乱等病菌。据调查，在干燥无林处，每立方米空气中含有400万个病菌，而在林荫道处只含60万个，在森林中则只有几十个了。

此外森林还有调节小气候的作用。据测定，在高温夏季，林地内的温度较非林地要低3～5℃，这是因为森林进行光合作用要吸收大量的太阳光能，蒸腾作用散发到空气中的水分又增加了空气的湿度，使大气气温升高缓慢。在严寒多风的冬季，森林能使风速降低而使温度提高。所以森林中冬日受夏凉，是疗养的佳境。

近年来，由于人类大量消耗木材及林产品，导致全球森林面积明显减少，全球每年消失的森林近千万公顷，这不仅仅是某一个国家的内部问题，它已成为一个国际性问题。1971年，第七届世界森林大会决定将每年的3月21日定为世界森林日，以引起各国对森林资源的重视，通过协调人类与森林的关系，实现森林资源的可持续利用。让我们为保护大森林出力，让大森林为人类造福！

三、重点保护动植物

导语

一层大厅背面是"山西庞泉沟国家级自然保护区的重点保护动物"图片展区，图文并茂的大幅版面，展示出保护区重点保护动物的情况。

重点保护动物图片展区

国家级自然保护区是国家自然资源的精华所在，其中大部分保护区是珍稀物种的集中储源地，庞泉沟就是这样的代表。区内有国家一级重点保护动物5种，包括3种鸟类2种兽类。鸟类除褐马鸡外，还有2种：金雕和黑鹳。2种兽类是金钱豹和原麝。二级重点保护动物25种，一种是兽类，即青鼬，24种为鸟类，有鸳鸯、猎隼等猛禽。

【背景资料】庞泉沟保护区的重点保护动植物

庞泉沟保护区植被垂直分布明显，森林植物群落极具代表性，野生动植物资源丰富，现已发现高等植物88科828种，鸟类38科189种，兽类15科32种，两栖和爬行类8科17种，昆虫1000余种。

1. 重点保护野生动物

根据《中华人民共和国野生动物保护法》的有关规定，1989年1月14日由林业部、农业部发布了《国家重点保护野生动物名录》。1993年4月14日，林业部发出通知，决定将《濒危野生动植物种国际贸易公约》附录Ⅰ和附录Ⅱ所列非原产中国的所有野生动物（如犀牛、食蟹猴、袋鼠、鸵鸟、非洲象、斑马等），分别核准为国家一级和国家二级保护野生动物。2003年2月21日，国家林业局发布第7号令，将麝科麝属所有种由国家二级保护野生动物调整为国家一级保护野生动物，以全面加强麝资源保护。

根据以上法律法规，对照《山西庞泉沟国家级自然保护区（1980～1999）》专著中的动物名录，庞泉沟保护区国家一级重点保护动物有褐马鸡等5种，它们包括3种鸟类：褐马鸡、金雕、黑鹳，2种兽类：金钱豹、原麝。

二级重点保护动物25种，包括24种鸟类，即鸳鸯和23种猛禽：鸢、苍鹰、雀鹰、松雀鹰、草原雕、乌雕、秃鹫、大鵟、普通鵟、毛脚鵟、白尾鹞、鹊鹞、猎隼、燕隼、红脚隼、游隼、红隼、红角鸮、领角鸮、雕鸮、纵纹腹小鸮、长耳鸮、短耳鸮。1种兽类：青鼬。

1992年5月20日，《山西省实施〈中华人民共和国野生动物保护法〉

办法》通过。根据此办法，山西省人民政府于1991年3月25日晋政发23号文，公布了省级重点保护野生动物27种，其中鸟类22种，兽类5种。依据此名录，庞泉沟保护区的山西省重点保护野生动物有鸟类14种：苍鹭、金眶鸻、四声杜鹃、小杜鹃、普通夜鹰、冠鱼狗、蓝翡翠、星头啄木鸟、牛头伯劳、黑枕黄鹂、褐河乌、贺兰山红尾鸲、红腹红尾鸲、红翅悬壁雀；兽类2种：小麝鼩、刺猬。

2.重点保护野生植物

根据1997年1月1日发布的《中华人民共和国野生植物保护条例》，中华人民共和国《国家重点保护野生植物名录（第一批）》于1999年8月4日由国务院批准并由国家林业局和农业部发布。2001年8月4日，农业部、国家林业局发布第53号令，将念珠藻科的发菜保护级别由二级调整为一级。按此名录，庞泉沟保护区无国家重点保护的野生植物。

根据1984年国家环保委员会发布，1987年国家环境保护局、中国科学院植物研究所修订的《中国珍稀濒危保护植物名录（第一册）》，在庞泉沟有分布的珍稀植物种类有3种，分别为：刺五加、核桃楸和黄芪。它们为渐危种，属于3级保护植物，

根据《中华人民共和国野生植物保护条例》，山西省人民政府于2004年11月28日公布《山西省重点保护野生植物名录（第一批）》，按此名录，在庞泉沟有分布的野生植物有5种，分别为：宁武乌头、山西乌头、党参、红景天、文冠果。

此外，野猪、狍子、野鸡（雉鸡）等多种经济动物在区内数量丰富。区内中草药种类较多，共有300余种。

黑鹳

四、生物多样性研究

导语

从一件件标本的制作与原始标签，到每一块图片版面的内容，访客中心无处不体现着保护区工作的核心，这就是生物多样性科学研究。

编印的论文集

开展生物多样性科学研究是做好保护工作的重要手段。保护区自成立后，积极发挥生物科学研究基地的功能，同国内多所高校与科研单位联合，持续开展以褐马鸡和生物多样性为主的科学研究工作，基本搞清了褐马鸡的生态习性和区内动植物资源情况，发表有关研究论文240余篇，出版《庞泉沟猛禽研究》、《山西省重点保护陆栖脊椎动物调查报告》、《山西庞泉沟国家级自然保护区》3本学术专著。为自然保护区的有效保护和管理、生态宣传教育奠定了良好的基础，保护区在国际、国内的影响不断扩大。

【背景资料】保护区的生物多样性研究

开展生物多样性科学研究是自然保护区的一项核心职能。建区30多年来，保护区采取"请进来，走出去"的办法，广开科技门路，广泛同科研单位、高等院校进行科研合作，在大力开展内部科研小课题的同时，积极引进外来科研项目，建立起项目共享与成果分享机制，在野生动植物生态生物学等方面进行了深入的研究。科研工作的发展大致经历四个阶段。

1. 起步阶段（1980～1985年）

从1982年开始，在山西省生物研究所动物研究室的专家指导下，保护区进行褐马鸡就地人工饲养繁殖实验，1984年取得成功。在褐马鸡数量调查方面开展工作，取得初步成果。开展一些常见鸟类的生态习性观察。发表了《褐马鸡就地人工饲养研究》、《应用机动车辆统计褐马鸡数量》等论文8篇。

2. 基础性研究阶段（1986～1992年）

保护区科研队伍不断壮大，成立科研技术室，聘请山西省生物研究所动物学专家刘焕金副研究员为学术顾问，并与山西大学、中国林业科学研究所、山西农业大学等建立学术活动合作关系。开展以鸟兽生态习性观察为主的小型内部课题研究。经过大量的科研调查，基本搞清鸟兽的本底资源。培养出一批年纪轻、素质较好的科技人员队伍。实行发表论文奖励制度，公开发表和参加有关学术会议的论文90多篇。参与《山西省黑鹳的生态生物学研究》、《中国雉类——褐马鸡》和《珍禽褐马鸡》专著的编著。

3. 深入性研究阶段（1993～1999年）

建区十余年后，继续采取"请进来，走出去"的方式，科研力量壮大、科研水平提高，在野生动植物生态生物学、生物多样性保护等方面不断进行研究，野生动植物资源本底进一步澄清，加大对科研成果的奖励力度，科研论文大量发表。更广泛地同有关科研教学单位开展合作，和北京师范大学共同承担国家自然科学资金项目"褐马鸡领域与栖息地"，和山西省生物研究所共同申请承担山西省科学基金项目"竹苏林下仿野生栽培技术的研究"，和山西大学共同承担山西省科学基金项目"山西庞泉沟自然保护区景观的生物多样性研究"。1993年，主持编著出版专著《庞泉沟猛禽研究》。相继参加了《山西兽类》、《山西两栖爬行类》两部专著的编撰工作。1999年，独立编著出版反映保护区本底资源状况的专著《山西庞泉沟国家级自然保护区（1980～1999）》和《山西省重点保护陆栖脊椎动物调查报告》，公开发表和参加有关学术会议论文120余篇。

4. 专题性研究阶段（2000～2012 年）

进入 21 世纪，庞泉沟保护区在科研工作中引进项目、引进资金、培养人才，建立项目共享与成果分享机制，在广度和深度上进行专题性研究，取得了有价值的科研成果。与北京师范大学合作开展国家"十一五"科技支撑项目"濒危雉类（褐马鸡）人工繁育技术与示范"，与中国林业科学研究所合作开展"山西庞泉沟保护区原地保存种质抽样调查与共享"项目，与北京林业大学合作开展"濒危物种再引入关键技术及评估体系研究"项目。参加了《山西鸟类》编撰工作，共发表论文 30 多篇。

总结 30 多年的工作，保护区共参与省级、国家级科研项目 9 个；独立和参与编写 9 部专著；单位科研人员独立、合作发表论文 240 余篇；大专院校、科研单位在庞泉沟保护区开展有关生物多样性研究，发表论文 260 余篇。科研工作开展和成果的取得，培养了自身技术队伍，为保护区的科学保护和有效管理提供了重要依据，促进保护区管理职能的有效发挥，为我国的野生动植物保护工作做出贡献。科研工作也受到国内同行、各级领导部门的肯定。

五、自然保护宣教教育

导语

二层南侧墙面，展示着一组图文并茂的版面，内容包括利用动物标本进行宣传教育、开展"爱鸟周"活动、盲童参观褐马鸡等，庞泉沟保护区自然保护宣传教育工作情况一目了然。

自然保护宣传教育是保护区工作的另一项重要内容，保护区利用优美的自然风光、栩栩如生动植物标本、褐马鸡就地人工饲养基地等条件，积极开展多层次的公众宣教活动。通过举办不同形式的"爱鸟周"和"野生动物宣传月"活动，同高校建立教学实习基地，支持中小学生夏令营活动，接待支持保护区工作的电视、报纸等新闻媒体，以及各级领导和社会各界知名人士，促进宣传报道。1995 年编印旅游宣传手册《庞泉沟》，2010 年编印建区 30 年画册，制作科普宣传电视片、印制了褐马鸡明信片等，扩大保护区的社会影响，提高社会对保护区工作的认识。

访客中心的建设更加突出了这项功能。馆内讲解采用先进的自助语音播放系统——访客可自行听各个展区的讲解；设有多媒体互动版面——访客特别是少年儿童可以通过实际操作，识别庞泉沟的野生动物；设有多自助查询系统——高端访客可通过自助查询，了解保护区更加详尽的保护、管理和科学研究等方面的成果与资料。馆内一层建有演播厅，循环播放科普电视片《褐马鸡》。一层北侧设有一个高科技电子触摸屏，设计了庞泉沟保护区的电子翻书。它以 2010 年保护区建区 30 年画册（《中国·山西庞泉沟国家级自然保护区》）的内容为主线，展示庞泉沟精美图片 200 余幅。在馆内不同展区，悬挂有多台液晶电视，访客可自助播放庞泉沟保护区相关的影视片，还有国内外高清的野生动物科普片。

在交城小学举办"爱鸟周"活动

【背景资料】有关庞泉沟的影视媒体

庞泉沟保护区自成立以来，保护区管理局、国内权威及知名媒体，就保护区的管理建设和褐马鸡保护等进行了大量影视拍摄，为保护区的宣传做出重要贡献，目前主要的影视媒体如下：

科普电影《褐马鸡》。以电影的形式反映褐马鸡的生态生物学习性，场景主要选在山西庞泉沟国家级自然保护区，1986 年由北京农业电影制片厂拍摄。

电视片《瑰丽的庞泉沟》。反映庞泉沟森林、山体、水体、动植物等优美的自然风光，是 20 世纪 90 年代保护区早期的旅游宣传片。

电视片《走进庞泉沟》。电视片分为孝文山传奇、庞泉沟之水、褐马鸡王国、游客的乐园四节，系统介绍了庞泉沟美丽的自然风光和十大旅游奇景，片长 45 分 05 秒，2002 年 8 月由保护区管理局和山西省林业厅记者站拍摄。

电视片《前进中的庞泉沟》。反映庞泉沟保护区的保护价值和管理建设等情况，分为绿色明珠、珍禽故乡、和谐共处三部分。片长 29 分 24 秒，2002 年 7 月由保护区管理局和山西省林业厅记者站拍摄。

电视片《勇士归来》。电视片以褐马鸡这个古代的"勇士"为主线，在山西省野生动物保护协会、庞泉沟自然保护区工作者的共同保护下，褐马鸡在庞泉沟保护区人工饲养繁殖成功，山西省建立绿色走廊，野生褐马鸡数量不断回升，昔日的"勇士"走出了濒临灭绝的困境，重新归来。电视片由 CCTV-7 套拍摄，片长约 20 分，2004 年 11 月 26 日 16:36 由 CCTV-7 套"科技苑"栏目首播。

电视片《褐马鸡的乐园》。介绍山西庞泉沟、山西芦芽山、山西五鹿山、河北小五台山、北京百花山、陕西延安黄龙山、陕西韩城黄龙山 7 家中国国家级褐马鸡姊妹保护区的基本情况。片长 29 分 56 秒，2009 年由山西省林业厅记者站和中国褐马鸡姊妹保护区秘书处联合摄制。

电视片《褐马鸡纪事之拯救》。该片记录这样一个故事：在山西吕梁山的深山之中，一只奄奄一息的褐马鸡被庞泉沟保护区的工作人员救起，它头破血流，身上穿孔，还能够救活吗？褐马鸡是国家一级保护动物，濒危物种。保护区的工作人员一心希望能够帮助这种动物扩大种群数量……电视片由CCTV-10套拍摄于2008年6月，片长24分，2008年9月4日19:59，由CCTV-10套在"百科探秘"栏目首播。

电视片《褐马鸡纪事之野放》。该片是《褐马鸡纪事之拯救》的续集，故事情节是这样的：在山西庞泉沟自然保护区，工作人员们一直有一个梦想：帮助褐马鸡扩大种群，让人工培育出的小鸡重返大自然。2008年春，他们把4只褐马鸡放归了自然。这四个被野放的生命，将分别面对各自不同的命运。借助科学的探测仪器，记者真实记录了4只褐马鸡被放归自然后的全过程。片长24分，2008年9月5日19:59，由CCTV-10套"百科探秘"栏目首播。

电视片《褐马鸡历险记》。该片讲述了庞泉沟保护区的这样一个故事：深山野林里，褐马鸡夫妇一死一伤，只留下一窝正在孵化的褐马鸡蛋。保护区工作人员费尽周折，终于找到了一家农户的母鸡，将它们孵化了出来，挽救了这一窝小生命。一年后，经过野化训练，工作人员放飞小褐马鸡，取得了成功。电视片在2008年6月由CCTV-10套"百科探秘"栏目组拍摄，2009年3月26日21:00在CCTV-1套"讲诉"栏目首播。

电视片《山西庞泉沟国家级自然保护区"十一五"工作汇报》。系统介绍"十一五"期间庞泉沟保护区在保护、科研宣教、生态旅游、管理建设等各方面的工作经验与成就。片长15分22秒，2010年10月由庞泉沟保护区和山西省林业厅记者站摄制。

电视片《褐马鸡生存调查》。该片以新闻调查的形式，全面反映山西省褐马鸡保护现状、自然保护区工作中存在的问题等，由山西电视台在庞泉沟、芦芽山等地摄制，片长11分20秒，2011年1月18日在山西卫视"记者调查"栏目首播。

电视片《褐马鸡》。该片以科普片的形式，系统介绍了褐马鸡名称与由来、保护价值、生态生物学习性、保护现状等。不仅可以了解褐马鸡作为一种国际濒危物种，一生一世的生活细节，而且可以了解，褐马鸡作为我国特有鸟类，名贯古今、扬名中外的故事。
片长 25 分，2011 年由庞泉沟保护区和山西省林业厅记者站摄制。

随着保护事业的发展，自然保护区信息化发展的步伐正在加快，保护区内部也逐步建设起视频采编系统，培养了专业人员，使用现代媒体技术的宣传教育能力不断加强。

六、避暑胜地

导语

庞泉沟夏日气候凉爽，是良好的避暑圣地。在访客者中心馆内，更能体会到这种清凉。

访客中心不用空调等制冷设施，盛夏馆内和森林中一样，非常凉爽，这是因为庞泉沟是山地森林小气候。这里最热的 7 月份平均气温为 17.5℃，最高气温只有 32℃。昼夜温差特别大，而且雨水多、空气潮湿。

雨雾经常光顾庞泉沟

背景资料【庞泉沟的山地森林小气候】

庞泉沟的盛夏之所以诱人，更主要的是因为这里的气候条件。由于海拔每升高1000米，气温就会下降6℃，庞泉沟所在的地区海拔1600～2831米，比海拔800米左右的太原盆地地区高出近1000米，因此气候和同纬度的太原市相比，在炎热的夏季就会凉爽许多，加之森林的调节气候作用，这里的年平均气温仅4.3℃，7月份平均气温17.5℃，最高极端气温32℃。所以，庞泉沟是名符其实的"避暑胜地"。

庞泉沟由于森林和高山作用，形成典型的山地森林小气候，这种气候的特点除凉爽外，还有昼夜温差特别大，约为2～15℃，而平川的日温差则不超过10℃。"早穿棉衣午穿纱"的说法，同样也适应于庞泉沟。

高山上的气候极端不稳定，特别是盛夏的7～8月份，上午是晴空万里，艳阳高照，中午便是乌云滚滚，大雨瓢泼，而后是雨后彩虹，斜阳夕照，真所谓"山里的天，小孩的脸，一天变三变"。

山地森林小气候的另一个特点是雨水多，空气湿度大，民间就有"天旱雨淋山"的说法。庞泉沟年降水量明显高于同一区域的其他地区，山西处于半干旱地区，平均年降水量400毫米左右，而庞泉沟的年降水量高达800毫米，接近于湿润地区的水平。

随着海拔的增高，这里的大气压在降低。在标准状况下，每升高100米，气压降低10毫巴（1毫巴=100帕斯卡）。保护区管理局海拔有1650米，气压比平川的交城、太原等地降低80～90毫巴，最高处2600米以上的云顶山、孝文山上气压低的现象人们已能感受出来，虽然不至于对人体造成诸如呼吸急促、食欲不振等症状，但做饭必须用高压锅才能熟。

随着海拔高度的升高，空气、水汽、尘埃等随之减少，再加上庞泉沟森林净化空气的作用，所以庞泉沟的天特别蓝。夜晚对城市来的小朋友来说，是特别兴奋的一件事，他们真的看到了语文课本里描述的"满天的星星"。此外，随着海拔高度的升高，太阳直接辐射增强，紫外辐射增强尤为明显，因此，庞泉沟的太阳很容易晒黑人的皮肤。

七、旅游地域文化

导语

庞泉沟保护区所在的吕梁市，有着灿烂辉煌的地域文化和丰富的人文旅游资源，庞泉沟生态旅游的快速发展，成为山西省中西部特色文化生态旅游区的重要组成部分。

自然保护区的生态旅游是满足社会的文化需求，探索自然资源合理利用的有效方式。庞泉沟保护区从 1985 年开始试办旅游以来，旅游人数从 1986 年的不足 1000 人次，发展到 2011 年的 7.8 万人次左右。客源主要是省城太原市、庞泉沟周边吕梁市各县的客人。庞泉沟生态旅游的兴起，极大带动区域经济的发展，为打造山西省中西部特色生态文化旅游区发挥着重要的作用。

吕梁市简图

背景资料【吕梁灿烂的地域文化】

庞泉沟保护区所在的行政区域属山西省吕梁市。1971年，吕梁山腹地的13个县设立行政公署，因吕梁山贯穿全境200多公里，故名为吕梁地区，2004年改为吕梁市。

吕梁有着悠久历史。春秋时期，这里是晋国的领土。战国时期韩、魏、赵三家分晋后，隶属赵国疆域。吕梁南部交口县的云梦山中，有一个鬼谷洞，相传是当时著名军事家孙膑、庞涓和纵横家苏秦、张仪跟随鬼谷子学习谋略的地方。著名军事家吴起，曾在离石县吴城镇练兵和屯兵，吴起所著《吴子兵法》是宋代所定武经七书中地位仅次于《孙子兵法》的著名兵书。吴起后来投奔楚国，推行改革，被楚国贵族杀害。

西晋末，后汉国高祖刘渊（304～310年在位）在西晋日趋衰败、各地流民纷纷起义反晋的浪潮中，占据方山县左国城起兵反晋，趁势在中原建立了第一个少数民族政权——匈奴汉国，是我国历史上"五胡十六国"时期的十六国之一，对促进汉民族文化大融合产生了重要的影响。

唐、宋名将郭子仪、狄青，唐代诗人宋子问等都是吕梁人。文水县是女皇武则天故里，至今文水县中舍村还存有武则天庙。

被清朝康熙皇帝赞誉为"天下第一廉吏"的于成龙，为方山县人。顺治十八年，已44岁的于成龙，不顾亲朋的阻拦，抛妻别子，到遥远的边荒之地广西罗城为县令。遍地荒草，城内只有居民六家，县衙也只是三间破茅房，他只得寄居于关帝庙中，以坚强的意志，迈开仕宦生涯的第一步，最后以卓越的政绩和廉洁的官风，升至两江总督。

革命战争年代，吕梁涌现出很多优秀的革命代表人物。柳林县人贺昌，1930年任中共北方局书记，1934年在瑞金当选为中华苏维埃中央执行委员，长征后留苏区坚持游击战争，1935年3月在一次突围中牺牲，时年29岁。文水县人刘胡兰，仅15岁就是女共产党员，1947年面对敌人的铡刀，大气凛然，英勇就义，毛主席题词"生的伟大，死的光荣"。

吕梁是著名的革命老区，雄伟的吕梁山是一座英雄的山。这里曾是红军东征主战场，抗日战争时期我党以吕梁山为依托，建立了敌后抗日根据地。庞泉沟当地年长的人还记得：当年日本人放火烧过山林，大火着了几天几夜，距保护区 30 里的市庄村，就有日本鬼子的据点。当时，庞泉沟一带非常热闹，几千人都汇集在大山里，连第二战区司令长官阎锡山的山西火柴厂也扎在这里，大沙沟口就是火柴厂的旧址。八路军的两名战士曾被日寇残杀在大路卯的杨树下。

兴县是晋绥边区首府所在地，贺龙同志在此生活、战斗了 11 年。陈毅同志 1944 年 2 月前往延安途中，写《过吕梁山》："峥嵘突兀吕梁雄，我来冰雪未消融。花信迟迟春有脚，夕阳满眼是桃红。林壑深幽胜太行，收罗眼底不辞忙。雪海冰山行不得，飞岩绝壁路偏长。"华国锋主席曾在此打过游击。距保护区机关 7 公里处的山水村，就是山西省原省委书记李立功的家乡。

《吕梁英雄传》由当代著名作家马烽、西戎合著，是我国第一部反映中国共产党领导的全民族抵御日本侵略者，并在抗日战争时期就发表的长篇小说，是吕梁革命史的真实写照。1950 年，北京电影制片厂改编为电影《吕梁英雄》。2004 年，导演何群、制片人张纪中等改编为同名电视剧搬上荧屏。在从太原到庞泉沟路上的石沙庄村一带，只要你留心，320 公路旁一处如今被修建得平平整整的场地，其间苍松翠柏，就是吕梁抗日英雄崔三娃烈士之墓。在交城县城卦山上，2011 年新建了"吕梁革命英雄纪念广场"。

1946 年 4 月 8 日，从重庆谈判飞归延安的"四八烈士"王若飞、叶挺、秦邦宪、邓发等人，在黑茶山飞机失事遇难。毛泽东、周恩来、刘少奇、邓小平等老一辈无产阶级革命家都曾在吕梁从事过革命活动。1948 年，中共中央向西柏坡转移途经吕梁时，毛泽东主席在兴县蔡家崖发表了《在晋绥干部会议上的讲话》和《对晋绥日报编辑人员的讲活》两篇光辉著作，明确提出了党在社会主义革命时期和土地革命时期的总路线和总政策，为中国革命的最后胜利指明了方向。

　　吕梁人杰地灵，物产丰富。汾酒是我国清香型白酒的典型代表，工艺精湛，源远流长，素以入口绵、落口甜、饮后余香、回味悠长等特色而著称。汾酒有着4000年左右的悠久历史。南北朝时期，汾酒作为宫廷御酒受到北齐武成帝的权力推崇，被载入廿四史，一举成名。唐代著名诗人杜牧一首《清明》诗吟出千古绝唱："清明时节雨纷纷，路上行人欲断魂。借问酒家何处有？牧童遥指杏花村。"1915年，汾酒在巴拿马万国博览会上荣获金奖。此外吕梁的沙棘、小杂粮、汾阳核桃、杏花村的竹叶青酒、离石碗脱、柳林红枣等都是地方特产。

　　吕梁地处黄河中游，是中华文明的重要发祥地之一，境内民风淳朴，民间艺术丰富。其中文水县鈲子，中阳县剪纸，孝义市皮影、木偶戏、碗碗腔，贾家庄婚俗，临县道情剧、伞头秧歌，汾阳市地秧歌、柳林县盘子会等都展现了黄土文化的浑厚淳朴，闻名海内外，被列入国家级非物质文化遗产项目。

背景资料【庞泉沟周边旅游景区】

　　文化是旅游的灵魂，旅游是文化的载体。庞泉沟生态旅游具有得天独厚的自然地理优势，周边交城和方山两县是文化旅游资源大县。如何使文化与旅游有机结合，构建特色的大文化、大旅游联动发展新格局，是唱响庞泉沟旅游品牌的关键。在吕梁市委、政府和两县县委、政府总体规划、政策引导、多元投入、市场运作，探索旅游资源所有权与经营权的分离，支持组建文化和旅游产业集团，培育龙头文化旅游企业等发展旅游政策支持下，打造山西省中西部特色文化生态旅游区的工程已经起步，庞泉沟周边区域的旅游景区逐步火爆起来。

庞泉沟漂流

1. 庞泉沟峡谷漂流

庞泉沟峡谷漂流（华北第一

漂）位于交城县庞泉沟镇市庄村境内，漂流长度 10 公里，河道平均宽 5～6 米。两旁高山耸立、林木繁茂，河道时宽时窄，水流时急时缓，沿途有急流险滩，又有缓水碧潭，是华北地区绝佳漂流地。

下码头服务区位于 320 省道 108 公里处，从下码头服务区沿 320 省道向上（西）走 6 公里抵上码头服务区，再向上（西）走约 9 公里到庞泉沟镇，从庞泉沟镇再向上（西）3 公里即抵庞泉沟保护区管理局（二合庄村）。

庞泉沟峡谷漂流由交城县晋豫生态旅游开发有限公司运营管理，该公司从 2007 年开始运营管理河南省尧山大峡谷漂流，有成功的开发经营经验。庞泉沟峡谷漂流选取了文峪河上游最精华的 10 公里河道，该段河道累计落差达 130 米，平均水深 0.8 米，漂流时间为两个半小时左右。漂流时使用 6 人一条的橡皮船，一路飞流直下，沿途经过数十个急流险滩，单个最大落差近 3 米。

庞泉沟峡谷漂流开业后受到游客的一致好评，从 2012 年起，在其上下游不同地段，新的投资商相继加入开发漂流，文峪河上的"庞泉沟漂流"正在兴起，将形成独具特色的旅游项目。

北武当山

2. 三晋历史文化名山——北武当山

北武当山又名真武山，古称龙王山，位于山西省方山县境内，旅游区与庞泉沟自然保护区接壤，从保护区大草坪线前往，相距仅 28 公里。

真武峰是北武当山的主峰，四周悬崖壁立，一千多个石阶曲曲弯弯通向峰顶，沿途可观览奇松怪石和令人叹为观止的奇特景观，被称为山西省黄土高原上的"小华山"。

真武峰顶最高处称小金顶，上建玄天真武庙。小金顶正南对面有一山峰，峰顶天然生成两块巨石。西边一块蠕蠕似动，形状酷似一头巨龟，东边一块隐身昂首，颇像一条长蛇，正应了道教中"天之北方七星形似龟蛇，亦即玄武"的典故。"龟蛇石"堪称我国近千处名山自然肖形石中的一流珍品。

北武当山保存着完好的明清宫观、庙宇，有真武阁、鲁班亭、龙王庙、纯阳洞等多处建筑和众多的石碑、石刻、壁画等文物，是吕梁山的一颗明珠，素有"三晋第一名山"之称，系我国北方道教圣地之一。

3. 卦山景区

卦山坐落在山西省交城县城北三公里，位于太原到庞泉沟旅游的必经之路上，距庞泉沟景区90公里。景区主要由"山形卦象、卦山之柏、千年古刹"组成，集自然风光、古树名木、人文景观于一体，形成了"儒门释户道相同，三教从来一祖风"的多元体系，为国家级文物名胜区。

卦山素以"山形卦象"而得名，此地八峰耸峙，环抱山谷，奇特的地形地貌与八卦图天然吻合，被誉为"易学之源、八卦名山"。

古柏为卦山的一大奇观。清代，曾有人将"黄山之松、卦山之柏、云栖之竹"列为华夏树木奇观。山中拥有葱郁幽深的千亩柏林，其间古柏扎根于悬崖绝壁，钻岩抱石，树形怪异，趣味横生。诸如龙爪柏、牛头柏、孔雀柏、绣球柏、母子连根柏等，让人叹为观止。

天宁寺创建于唐贞观元年（627年），是卦山诸多寺庙中创建最早、规模最大的佛教寺院。中国佛教华严宗初祖法顺（亦称杜顺）（557～640年）曾在此山讲经说法而建寺，太原节度使李说夫妇捐助扩建而成。石佛堂是卦山最早建筑，内外两进院落，内院正殿为"宝灯王佛殿"，殿中有高达5米的石佛，观音、文殊、普贤、地藏四大菩萨胁侍左右，为中国唐代石雕精品。明清时又陆续增建了卦山书院、朱公祠、圣母庙。较为独特的是"三教堂"，堂内供奉着释迦牟尼、孔子、老子的塑像，佛、儒、道三种宗教共聚一庙，反映了山西古老黄土文化博大宽广的包容性，为他处少见。整个景区形成了佛、道、儒、专祠、园林五个序列，汇聚成气势恢宏的古建筑群。

卦山

古代卦山就被文人墨客推崇，宋代大书画家米芾手书"第

"一山"横匾，成为天宁寺的镇寺之宝。

抗日战争时期，卦山很多建筑被侵略者纵火焚烧。文革中大批石刻、木雕、泥塑、铁铸佛像尽毁，造成无法弥补的损失。20世纪80年代以来，国家不断拨款修复拓建，卦山逐渐恢复。我国佛教协会会长赵朴初游后曾写《游卦山赋》称："黛色参天名古柏，崇楼峻阁备庄严。"

4. 玄中寺

玄中寺位于交城县城西北10公里的石壁山上，这里叠岭周环，群峰泻翠，山石拱列如壁，故山名"石壁"，寺亦因山而称"石壁寺"。

玄中寺是中国佛教净土宗的发源地之一，净土宗以称念人所熟知的"阿弥陀佛"名号和往生西方极乐净土为宗旨。玄中寺始创于北魏延兴二年(472年)，南北朝时期，弘扬净土宗的高僧昙鸾被誉为"肉身菩萨"，曾住玄中寺传播净土教义，使玄中寺逐渐闻名于世。隋末道绰、唐初善导二大师相继在此弘扬净土宗风，拓修寺院，使古刹达到鼎盛时期。唐贞观九年（635年），太宗李世民以其天子之尊亲临瞻礼，施舍"众宝名珍"，为长孙皇后祈福消灾。晚唐时期，这里修建"甘露无碍义坛"，与长安灵感坛、洛阳会善坛并为当时"天下三大戒坛"。蒙古太宗窝阔台十年（1238年），赐名"龙山护国永宁十方大玄中禅寺"，此后便统称"玄中寺"。日本的佛教净土宗和净土真宗也是继承玄中寺发展起来的，并把玄中寺列为祖庭之一，尊善导大师为"高祖"。

玄中寺内现存最主要的建筑为明神宗万历三十三年(1605年)所建，中轴线上四殿三院一字排开，天王殿、七佛殿、千佛阁逐级升高，依山就势，大雄宝殿为全寺中心。此外，还有钟鼓二楼、南北塔院、祖师殿、鸠鸽殿、接引殿、准提殿及僧舍、斋堂等建

玄中寺

筑散布各处；秋容塔矗立寺东山巅，为宋代遗物。寺内现存历代碑碣48通，并有宋铸铁弥勒佛及明代木雕佛像，均为珍贵文物。1983年被国务院列为汉族地区佛教全国重点寺院。

八、社区旅游服务

导语

在庞泉沟保护区生态旅游带动下，社区旅游业蓬勃发展，地处吕梁山深山腹地的庞泉沟山区小村，以"吃住行、游购乐"为一体的现代旅游服务新村正在兴起。

在旅游业的带动下，320公路两旁的二合庄、后坪新村、长立、黄鸡塔四个自然村，住宿和餐饮规模不断扩大，由1987年的300余人的日接待能力，发展到目前可接待约3000人的规模。

大大小小的农家宾馆，舒适干净，服务逐渐完善；独具特色的农家饭菜，味道可口，价廉物美。

保护区内的自然村

背景资料【庞泉沟的特色餐饮】

庞泉沟保护区地处吕梁山脉的深山腹地，当地人口稀少。据村民说，他们大多数是祖辈、父辈从就近的交城平川、文水、平遥、娄烦等地迁居此地。保护区内最大的村庄长立村，后面有庞泉沟、八水沟、神尾沟等五条主要沟谷，犹如人的手掌，长立村，就是立于手掌之上的村庄，人口200人左右。黄鸡塔、二合庄是解放后才移建成的村庄。后坪新村是2008年从神尾沟内的后坪村移民出来的新村。

郭兰英唱过的民歌《交城山》："交城的山来交城的水，不浇那个交城浇文水。交城的山里没有好茶饭，只有那个莜面栲栳栳还有山药蛋。灰毛驴驴儿上山，灰毛驴驴儿下，一辈子也没有坐过好车马。"唱词中唱出旧社会的交城山里，因交通不便，单一的饮食文化。

庞泉沟由于海拔高、气候寒冷，温差大，农作物主要以莜麦、山药蛋为主。至今还在当地流传的一个风趣的笑话，讲的是：交城山里的一户人家嫁女到平川，亲家母上门，平川的亲家宴席上准备了莲菜，女亲家没有见过，以为莲菜是用土豆片做的，但又专门做了那样多的眼，好不费劲，感到大异，又不敢多问，怕人家笑话。过段时间，男亲家母到女方家做客，女方家没有好餐饭，只能做土豆片招待。吃饭中，女亲家母还风趣地说："亲家母，吃片片，只是顾不上做眼眼。"

如今，随着旅游的开发，庞泉沟的菜肴，立足于当地农村，就地取材，以"莜面栲栳栳还有山药蛋"为招牌，土厨师们使用农家特有莜面、山药蛋、土鸡、笨鸡蛋以及各种时令鲜蔬，开发当地土特产，自然朴实的农家土饭，因其"纯天然，无污染"等特色，越来越得到旅游者的认同，形成庞泉沟的特色餐饮。

莜面是由莜麦加工而成的面粉，主产山西北部、中部山区和内蒙古，所含蛋白质和脂肪量为五谷之首。清代康熙皇帝远征噶尔丹，在内蒙古归化城吃过莜面，给予很高的评价。乾隆年间，莜面作为进贡皇帝的食品被送往京城。

莜面性寒，食用必须三熟，是中华食品中唯一的"三熟"食品。一是炒熟，即在加工面粉时须先把莜麦下锅炒至二分熟出锅；二是烫熟，即在和面制作食品时要泼入开水搅拌；三是蒸熟，即莜面食品需用蒸笼蒸熟，方可食用。

由于莜面是高能食品，所以民间有"三十里莜面四十里糕，十里荞面饿断腰"，"莜面吃个半饱饱，喝碗开水正好好"等说法。莜面吃法颇多，风味各有千秋。当地主要有栲栳栳，是热吃的，也有冷拌的莜面切条。

土豆最早是西方人餐桌上的宠儿，列为主食之一，其营养特别丰富，素有"地下苹果"之称。山高温差大的庞泉沟，土豆长得又大又"沙"，而且还有点甜。川菜馆中普通的土豆泥被搬上庞泉沟的餐桌，绵软香甜，味道自然清淡。土豆做菜的方法多种多样，譬如炝土豆、大烩菜等，光土豆丝这一种材料，就被当地的土厨师用拌、炒、炝、煮发挥到酸、辣、麻、甜等不同境界。

山西的面食闻名四海，而云集三晋四方的交城山里人，更是把这种源远流长的面食技艺发挥得淋漓尽致。在当地，以土豆为原料的特色面品，可做不烂则、磨糊糊、黑棱则、山药面擦圪蚪、炒恶、水晶面等，这些都是风味独特的农家饭。

庞泉沟的野生蘑菇、木耳、蕨菜、沙棘等资源丰富，十分有名，是天然无公害绿色食品，更是难得的美味佳肴。

野生蘑菇，主要生长在山顶、山腰的野草丛、树林中，从夏天的7月到初秋的9月，都可吃到新鲜的野蘑菇。即使是过了季节，野生的干品、土制的"罐头"装，也同样有野山菌的味道。庞泉沟有名的蘑菇是"顶土"和"银盘"两种，肉细嫩，味道郁香、浓厚，不论是炒菜，还是做汤，都是极好的山珍野味。野生蘑菇能够解肉腻、舒肠胃、降低胆固醇，长期食用具有防治肾脏病、结石病、糖尿病、肝硬化等作用。

羊肚菌是庞泉沟最名贵的食用野山菌，目前每斤价格在1000元以上，出口海外，产于初夏的5月份。羊肚菌属高级营养滋补品，含丰富的蛋白质、多糖肽、碳水化合物、多种维生素和20多种氨基酸及微量元素。具有补肾、壮阳、补脑、提神的功能。长期食用可起到防癌、抗癌、抑制肿瘤、预防感冒、增加人体免疫力的效果，在医学上和保健上有重要的开发价值。

黑木耳生长于庞泉沟的柞木（辽东栎）林，是一种营养价值较高的山珍食品，营养丰富，口感酥软滑脆，被称之为"素中之荤、菜中之肉"。黑木耳具有较高的药用价值，自古有"益气强身、润肺补脑、轻身强志、活血养颜"等功效。现代医学证明黑木耳中的多糖体具有增强人体免疫力，防癌抗癌等功效。美国科学家发现：黑木耳能减低血液凝块、肝和冠状动脉粥样硬化，并能明显地防止血栓的形成。

庞泉沟植物中有许多可以食用的种类，诸如苦菜、山柳叶、地皮菜，最著名的是蕨菜。中国人食用蕨菜的历史可以追溯到 2000 多年以前，在《诗经·召南》中就有"陟彼南山，言采其蕨"的诗句。明代王象晋在《群芳谱》甲写道："蕨，山菜也。二三月生芽，卷曲状如小儿拳，长则展宽，如凤毛，高三四尺。茎嫩时无叶，采取以灰汤煮去涎滑，晒干作蔬。味甘滑，肉煮甚美。荒年可救饥，皮肉捣烂，洗涤取粉。"

庞泉沟蕨菜丰富，宜采期在五、六月份，刚长出的嫩叶芽具有特殊的清香味，又生长在远离污染的山林中，清脆爽口，翠绿素雅，炒拌均佳。蕨菜含有丰富的维生素，全草还可以入药，有祛风、利尿、解热的功效。

沙棘又名醋柳、酸刺，其果实含有富含多种维生素、胡萝卜素及人体所需的多种氨基酸和微量元素。沙棘果实含油达 12%～18%，素有"神秘果"之称。山西省约有沙棘林 33 万公顷，其中成片林约有 20 万公顷，约占全国沙棘林总面积的一半，吕梁地区沙棘林面积达 8.47 万公顷，占到山西省全省的 50%。固有"世界沙棘在中国，中国沙棘在山西，山西沙棘在吕梁"一说。

以沙棘为原料的饮料，已被吕梁市食品加工企业开发，是庞泉沟的特色饮品。盛夏饮用，可消食、生津、解渴、防暑，是一种恢复体力、消除疲劳、强精养神的滋补饮料。在医药保健方面，具有祛痰、利肺、养胃、健脾、活血、化瘀的药理功效。

常言道："美味在民间，好菜在农家。"随着生活水平的不断提高，旅游越来越受到人们的青睐，尤其是城里的人，纷纷走向田野、山区，走进农村广阔的天地。体现乡土气息、形成地方特色、保持原汁原味的农家饭，正吸引着更多的城里人来品尝。

结束语

导语

经过一个小时左右的参观，在访问者中心巡回曲折，出口墙面出现了"结束语"的版面，您的参观就将结束。

庞泉沟访问者中心的小天地，带您走进了五彩缤纷的大自然。保护好庞泉沟这片黄土高原上的绿洲，是我们长期而艰巨的任务。让我们共同关注人类美好的事业，共同保护好我们的地球家园！

访问者中心设有留言台，请您留下宝贵意见。

后 记

作为一个国家级自然保护区、一处山西省生态旅游胜地的直接管理者，早想出一本书，来规范一下社区的导游讲解，拓展一些旅游文化，让更多的游客能了解庞泉沟，了解保护事业。

1995 年，我们请山西省关帝山国有林管理局的一名科技人员、一位山西林业文化名人——李晨光同志，编写了小册子《庞泉沟》，对保护区的旅游景点做了系统的整理与描述，为之后的导游讲解及本书的编辑起到很大的铺垫作用。

2003 年，杨向明、武建勇、任班莲、耿珺、孟小丽等长期在保护区一线从事科研与宣教的同志，对保护区景区的导游和生态标本馆的讲解有很多直接的经验，又有一定的文化基础，开始收集整理庞泉沟导游的有关资料，由于各方面条件限制，最终未能将资料以成果的形式与读者谋面，但这些原始的第一手资料，成了本书编写的珍贵资料来源。

庞泉沟的旅游在不断发展，从 2007 年国家对《山西庞泉沟国家级自然保护区生态旅游总体规划》批准，到 2009 年同金桃园集团公司联合开发旅游，旅游管理越来越正规，游客也越来越多。随着国家对生态保护的重视，保护区公众宣教的社会功能也越来越突出。在 2012 年，保护区建成了访问者中心，有了一个宣传教育的新阵地。

新招聘的年轻讲解员们工作进取，说到讲解，他们总是带着渴求，问这问那。但一次我们发现，八零后的年轻人们居然不知道"华国锋"是何许人？这让我们很诧异。至于更多的保护区专业知识的匮乏，那真是冰冻三尺，非一日之寒。看来，确实有必要加强我们的内部培训。

今年一次局务会议，研究保护区管理局该制作怎样的宣教资料，来宣传保护区，拿出几套方案，其中包括系统地出一本保护区自己的科普书，班子成员们一致认同，于是写书的工作就开始了。

作者李世广是庞泉沟保护区管理局的局长，1983年参加工作，1995年到保护区任"一把手"至今，是保护区历任主要领导中任职最长的一人，热爱保护事业，对庞泉沟比较了解，围绕如何使自然保护区功能达到有效发挥这条工作主线力求多做一些实事。

作者杨向明，林业高级工程师，1990年东北林业大学野生动物系毕业到保护区参加工作，是保护区管理局副局长，一直从事保护区科研和宣教工作，发表动物学研究学术论文30多篇，曾在科普杂志《大自然》及《绿色时报》等报刊发表过文章。

互联网的发展，为信息提供了便捷。在本书的编写中，为了核实许多记忆中模糊的东西，在网站查找到许多重要的资料。保护区管理局的张建文、赵占合等同志为本书的编写提供了不少照片，在此表示深刻谢意。山西省关帝山国有林管理局办公室主任白继光、退休干部李晨光同志，是林区的"笔杆子"，他们对庞泉沟也比较了解。该书脱稿后，承蒙他们的辛勤修改，在此不胜感谢！

编著者
二〇一三年十月一日

主要参考文献

[1] 刘焕金,苏化龙,孙安宝,等.1987.庞泉沟自然保护区兽类垂直分布特征.山西林业科技 [J].(4):10-13.

[2] 朱仲玉,杨牧之,黄克,等.中国通史故事 [M].北京:中国少年儿童出版社,1988.

[3] 刘焕金,苏化龙,申守义,等.山西省黑鹳的生态和生物学研究 [M].北京:科学出版社,1990.

[4] 李鹏飞,杨贵堂,张龙胜,等.珍禽褐马鸡 [M].太原:山西教育出版社,1990.

[5] 王建平,王俊田,康继忠.1990.金雕的数量、栖息地及食物的研究.运城高专学报 [J].(4):43-47.

[6] 刘焕金,苏化龙,任建强,等.中国雉类 — 褐马鸡 [M].北京:中国林业出版社,1991.

[7] 郝映红,武建勇,王俊田.1991.庞泉沟自然保护区原麝的生态研究.生态学杂志 [J].10(6):16-19.

[8] 孙儒泳.动物生态学原理 [M].北京:北京师范大学出版社,1992.

[9] 刘焕金,盖强,安文山.1992.世界濒危物种褐马鸡.野生动物 [J].(4):43-44.

[10] 安文山,薛恩祥,刘焕金.庞泉沟猛禽研究 [M].北京:中国林业出版社,1993.

[11] 杨向明.1994.庞泉沟的山雀家族.大自然 [J].(4):34.

[12] 樊龙锁,刘焕金.山西兽类 [M].北京:中国林业出版社,1995.

[13] 郑光美.鸟类学 [M].北京:北京师范大学出版社,1995.

[14] 王建平,郝映红,王俊田,等.1995.豹冬季生态初步研究.动物学杂志 [J].(5):41-44.

[15] 杨向明,郝映红.1995.山西省鸟类新纪录.四川动物 [J].(2):77.

[16] 杨向明.1995.庞泉沟的柳莺.大自然 [J].(5):16-17.

[17] 杨向明.1995.黄土高原上的猫头鹰.大自然 [J].(6):21-22.

[18] 刘东来,等.中国自然保护区 [M].上海:上海科技教育出版社,1996.

[19] 杨向明,李世广,张正旺.庞泉沟四种柳莺生态习性的比较 [C] // 台北:第三届海峡两岸鸟类学术研讨会论文集,台北:社团法人台北市野鸟学会,1998:297-301.

[20] 樊龙锁,郭萃文,刘焕金.山西两栖爬行类 [M].北京:中国林业出版社,1997.

[21] 郝映红,安文山,马日千,等.保护区与当地居民关系的发展与协调 [C] // 丛建国,董兴林.理论与实践:全国高校论文集(下),1997:283-288.

[22] 武建勇，段美玲.1998.褐马鸡骨骼系统研究初探.教育教学研究与展望 [J].
　　　(2)：386-389.

[23] 山西庞泉沟国家级自然保护区.山西庞泉沟国家级自然保护区（1980-1999）
　　　[M].北京：中国林业出版社,1999.

[24] 李世广，刘焕金.山西省重点保护陆栖脊椎动物调查报告 [M].北京：中国
　　　林业出版社，1999.

[25] 郑乐怡，归鸿.昆虫分类（上、下册）[M].南京：南京师范大学出版社，
　　　1999.

[26] 国家林业局野生动物保护司.中国自然保护区管理手册 [M].北京：中国林
　　　业出版社，2003.

[27] 武建勇，杜拉贵，王奴奎，等.2003.庞泉沟自然保护区保健功能及效益研
　　　究.河北林果研究 [J].增刊：208-211.

[28] 郭强，苏文辉，武玉斌，等.2003,庞泉沟自然保护区旅游现状及发展对策.河
　　　北林果研究 [J].增刊：249-254.

[29] 樊龙所.山西鸟类 [M].北京：中国林业出版社，2009.

[30] 杨向明，周震宇.2011.吕梁市珍稀野生动植物保护与拯救对策.科技向
　　　导.(30)：209.

[31] 李世广，杨向明，周震宇.2012.中国褐马鸡古考与现状.科学之友 [J].
　　　(2)：140-141.

[32] 中共中央党史研究室.华国锋：为党和人民事业奋斗一生 [N].人民日报，
　　　2011-02-19.

[33] 《黑暗传》全文 [EB/OL].(2008-05-2) [2012-11-20].http://book.douban.com/
　　　subject/1411349/discussion/1247069.

[34] 生物进化史 [EB/OL].（2009-7-17）[2012-12-5].http:/zhidao.baidu.com/
　　　link?url=Cj1c1siZdgjiMX4QLgZC84-DIa4n9gir00GC4PZ-yI-
　　　Nq8T4u0nAXRi0cXTLVCKF
　　　oqyK5hkVeBc_F8_yoEEebq.

[35] 交山农民起义 [EB/OL].（2013.3.19）[2013-3-25].http://baike.baidu.com/
　　　view/4403285.htm.

[36] 中国交城 [EB/OL].（2013.12.5）[2014-1-15].http://www.sx-jc.gov.cn/.